SKIN

医生来了·专病科普教育丛书

皮肤健与美

科普知识100问

四川省医学科学院·四川省人民医院
（电子科技大学附属医院）

陈学军◎总策划　刘刚　林新瑜◎主审　杨镓宁◎主编

U0254789

Ⓢ 四川科学技术出版社
·成都·

图书在版编目（CIP）数据

皮肤健与美科普知识100问 / 杨镓宁主编. -- 成都:
四川科学技术出版社, 2023.8
（医生来了：专病科普教育丛书）
ISBN 978-7-5727-0849-7

Ⅰ.①皮… Ⅱ.①杨… Ⅲ.①皮肤－护理－问题解答
Ⅳ.①TS974.11-44

中国国家版本馆CIP数据核字(2023)第021552号

医生来了·专病科普教育丛书
皮肤健与美科普知识100问
YISHENG LAILE·ZHUANBING KEPU JIAOYU CONGSHU
PIFU JIAN YU MEI KEPU ZHISHI 100 WEN

杨镓宁◎主编

出 品 人	程佳月
责任编辑	李 栎
助理编辑	王天芳
校 对	宋子君 夏 燕
责任印制	欧晓春
封面设计	杨璐璐
出版发行	四川科学技术出版社

成都市锦江区三色路238号 邮政编码 610023

官方微信公众号：sckjcbs

传真：028-86361756

制 作	成都华桐美术设计有限公司
印 刷	成都市金雅迪彩色印刷有限公司
成品尺寸	140mm×203mm
印 张	11.5
字 数	247千
版 次	2023年8月第1版
印 次	2023年10月第1次印刷
定 价	49.00元

ISBN 978-7-5727-0849-7

邮　购：成都市锦江区三色路238号新华之星A座25层　邮政编码：610023
电　话：028-86361770

《皮肤健与美科普知识100问》
编委会

总策划

陈学军

主　审

刘　刚　林新瑜

主　编

杨镓宁

副主编

王思宇　李　娟

编　者

林新瑜	杨镓宁	王思宇	李　娟	陈明懿	戴耕武	李志清
雷　华	万慧颖	刘　伟	毛玉洁	廖金凤	杨　雁	穰　真
陈玉平	王超群	应川蓬	罗东升	梁成琳	陈明辉	张　芬
黄林雪	袁　涛	谢　军	李　娟	王　倩	吕　蓉	曹　畅
毛　翀	程　石	赵　静	唐丽娜	代　喆	罗　娟	黄　蓉
陈　廷	李艳红	赖小梅	郭红梅	王歆雨	何　珊	曹慧丽
郭晓娟	江雪梅	王　义	李隆飞	袁晓慧	李　颖	吴明君
张　楠	黄世林	巩毓刚				

假如您是初次被诊断为某种疾病的患者或患者亲属，您有没有过这些疑问和焦虑：咋就患上了这种病？要不要住院？要不要做手术？该吃什么药？吃药、手术、检查会有哪些副作用？要不要忌口？能不能运动？怎样运动？会不会传染别人？可不可以结婚生子？日常工作、生活、出行需要注意些什么？

假如您是正在医院门诊等候复诊、正在看医生、正在住院的患者，您有没有过这样的期盼：医生，知道您很忙，还有很多患者等着您看病，但我还是很期待您的讲解再详细一点、通俗一点；医生，能不能把您讲的这些注意事项一条一条写下来？或者，医生，能不能给我们一本手册、一些音频和视频，我们自己慢慢看、仔细听……在疾病和医生面前，满脑子疑问的您欲问还休。

基于以上疑问、焦虑、期盼，由四川省医学科学院·四川省人民医院（电子科技大学附属医院）（以下简称省医院）专家团队执笔、四川科学技术出版社出版的"医生来了·专病科普教育丛书"（以下简称本丛书）来啦！本丛书为全彩图文版，围绕人体各个器官、部位，各类专科疾病的成因、诊治、疗效及如何配合治疗等患者关心、担心、揪心的问题，基于各专科疾病国内外临床诊治指南和省医院专家团队丰富的临床经验，为患者集中答疑解惑、破除谣言、揭开误区，协助患者培养良好的遵医行为，提高居家照护能力和战胜疾病的信心。

本丛书部分内容已被录制成音频和视频，读者可通过扫描图书封底的二维码，链接到省医院官方网站"专科科普""医生来了""健康加油站"等科普栏目以及各类疾病专科微信公众号上，拓展学习疾病预防与诊治、日常健康管理、中医养生、营养与美食等科普知识。

健康是全人类的共同愿望，是个人成长、家庭幸福、国家富强、民族振兴的重要基础。近年来，省医院积极贯彻落实"健康中国""健康四川"决策部署，通过日常开展面对患者及家属的健康宣教及义诊服务，策划推出"医生来了"电视科普节目，广泛开展互联网医院线上诊疗与健康咨询等服务，助力更广泛人群的健康管理。

我们深知，在医学科学尚无法治愈所有疾病的今天，提供精准的健康科普知识、精心的治疗决策方案，提升疾病治愈的概率和慢病患者的生活质量，是患者和国家的期盼和愿望，更是医院和医者的使命和初心。在此，我们真诚提醒每一位读者、每一位患者：您，就是自己健康的第一责任人，关注健康，首先从获取科学、精准的医学科普知识开始。

祝您健康！

"医生来了·专病科普教育丛书"编委会

2021年11月于成都

"云想衣裳花想容，春风拂槛露华浓。"爱美之心人皆有之。随着人民生活水平的提高，人民群众不仅对健康有了更高的追求，而且对于美丽容貌的追求达到了新的高度。习近平总书记说："人民对美好生活的向往，就是我们的奋斗目标。"皮肤科的医务人员作为人民群众皮肤健康的"守护神"，对保护人民群众的皮肤健康和改善不良的皮肤状态责无旁贷。

皮肤是人体最大的器官，具有保护、吸收、感觉、分泌、排泄、体温调节、物质代谢、免疫等多种功能。健康、完整的皮肤对保持人体的完整性、维持体内环境稳定、保护体内各种组织器官免受外界有害因子的侵袭具有至关重要的作用。

皮肤病在不同程度上削弱了皮肤的作用，严重时还会威胁患者的生命安全。皮肤病种类繁多，累计有数千种之多。有常见的，也有少见的，甚至有罕见的；有轻度的，也有严重的。在物资匮乏、缺医少药的年代，皮肤病是器官系统疾病中首先被忽略和轻视的。囿于医疗技术的限制，很多皮肤病患者未能得到及时有效的诊断和治疗，给人民群众的健康造成很大威胁。中医讲"内不治喘，外不治癣"，就是认为喘和皮肤病特别难治，治不好容易"砸医生招牌"。随着社会经济的发展、医学技术的不断进步，很多以往不求治、不能治的皮肤病也得到了明确的诊断和有效的治疗。但人民群众缺乏皮肤病的常识，导致患病时无所适从、诊治不及时，甚至上当受骗，身体健康和钱财俱失的事例也不胜枚举。因此，医务人员的责任不仅是治病，还要广泛宣传正确的医疗常识，让"治未病"成为共识，让患者能够正确、积极地求医问药并有基本的判断能力。

拥有美丽的容颜是达到皮肤健康后的更进一步的追求。若皮肤存在影响美观的缺陷，如色素、瘢痕、痘印，紫外线导致的容貌损害、皮肤老化、皱纹，以及多种影响皮肤美观的炎症、肿瘤等，会给患者身心带来困扰，甚至影响生活、就业等。此时，医疗美容团队和皮肤外科团队的专家们就是您最好的参谋和帮手。对于您非常关心甚至焦虑的皮肤问题，我们会在书中娓娓道来，为您答疑解惑，助您在求美的路上保持身心愉悦、避免踩坑，助您走向更加美丽的人生。

希望本书能为关心皮肤健康与美丽容颜的您提供有益的帮助。

祝您健康美丽每一天！

陈学军

2023年8月

目　录

上　篇
皮肤美容及光电技术

下　篇
皮肤外科与美容手术

上篇

皮肤美容及光电技术

第一章

皮肤管理的基本概念

一、人体面积最大的器官，我们真的了解吗？

作为一名皮肤科专科医生，我在日常诊疗中常常收到大量的关于护肤问题的咨询，事实上，想要科学护肤，最重要的一点便是对自己皮肤类型要有准确的诊断，只有明确了解自己的皮肤类型，才能找到最适合自己也最有效的皮肤护理方式和产品。目前关于皮肤分型的方法很多，其中主要有Fitzpatrick皮肤分型、Baumann皮肤分型及更适合国人的《中国人面部皮肤分类与护肤指南》。

1. Fitzpatrick皮肤分型

Fitzpatrick皮肤分型（表1-1-1）最早是由美国哈佛医学院Fitzpatrick教授提出。此类分型标准以皮肤的日光反应性（sun-reaction，SR）为依据，起初主要用于白色人种和其他浅肤色人群，后经完善也可用于棕色和黑色皮肤人群，目前应用较广泛。根据皮肤对日光照射的反应特点及反应程度，即个体日晒后发生红斑的难易和发生黑化的程度，以及未曝光区皮肤颜色的不同将皮肤分为6型。日晒后红斑和日晒后黑化分别反映对紫外线红斑效应和对紫外线色素沉着效应的敏感性，通俗来讲可理解为对晒伤和晒黑的敏感性。Fitzpatrick 皮肤分型的具体方法：春末夏初季节，受试者于北纬20°~45°，中午接受日晒45~60分钟，或对非曝光部位予3MED（最小红斑量）紫外线B（UVB）照射，然后观察照射部位皮肤24小时内有无出现红斑、水肿、灼痛感等，以及1周内色素沉着的情况并填写相关调查问卷，医生根据问卷结果对受试者的皮肤进行分型。一般认为欧美人皮肤基底层黑色素含量少，皮肤属于Ⅰ、Ⅱ型；东南亚黄色人种皮肤基底层黑色素含量中等，皮肤多为Ⅲ、Ⅳ型；非洲地区的人棕黑色皮肤为Ⅴ、Ⅵ型，皮肤基底层黑色素含量很高。该分型方法在判断人群对紫外线的敏感性、评价化妆品的功效、评估皮肤肿瘤风险方面以及在医疗美容领域被广泛接受和运用。

表1-1-1 Fitzpatrick皮肤分型

皮肤类型	肤色	皮肤反应
Ⅰ	白色	容易晒伤，不会晒黑
Ⅱ	白色	经常晒伤，很难晒黑
Ⅲ	米黄色	有时候晒伤，通常会晒黑
Ⅳ	棕黄色	很少晒伤，比较容易晒黑
Ⅴ	深棕色	几乎不会晒伤，容易晒黑
Ⅵ	黑色	从不晒伤，非常容易晒黑

2.Baumann皮肤分型

目前在全世界最受欢迎的皮肤分型方法是美国著名皮肤科医生Leslie Baumann教授提出的Baumann皮肤提示系统（Baumann skin type indicator，BSTI），从皮肤干性（dry，D）或油性（oily，O）、敏感（sensitive，S）或耐受（resistant，R）、色素性（pigmented，P）或非色素性（non-pigmented，N）、皱纹（wrinkle，W）或紧致（tight，T）四个不同的维度进行皮肤分类评价，排列组合生成16种皮肤类型（图1-1-2）。可通过一组调查问卷（64个问题）来判定皮肤的类型。

图1-1-1　不同人群肤色的多样性

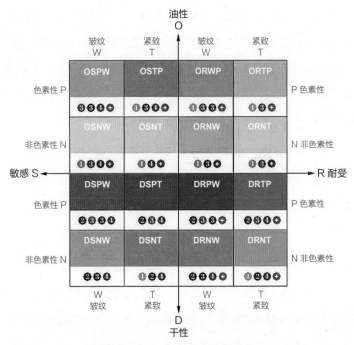

图1-1-2 Baumann皮肤分型

第一大类干性敏感性皮肤人群缺少天然保湿因子或自身脂质成分，单位时间内分泌的油脂总量少，皮肤屏障功能低下，容易出现皮肤敏感、寻常痤疮、玫瑰痤疮等问题。因此，及时、有效地为干性皮肤提供额外的生理性脂质保护是非常重要的，此类人护肤的重点是温和清洁及强化保湿。皮肤是否属于色素性皮肤（也可理解为色素沉着性皮肤）的主要判断标准为：如果在日晒后皮肤仅出现发红，而4周左右能恢复正常，属于非色素性皮肤；而在日晒后4~6周皮肤出现明显及短期内难以恢复的颜色加深，则属于色素性皮肤。是否属于皱纹性皮肤主要与遗传相关，当然，干性皮肤及长期暴露于日光及氧化应激状态下的皮肤更易产生皱纹。所以对于干性敏感性色素性/皱纹性皮肤，除了防晒，抗氧化、抗炎护理也同样不能忽视，但由于此型皮肤对于抗氧化、抗炎护肤品活性成分较为敏感，如果在使用后出现红斑或灼热等不耐受情况，一定要及时停止并到正规医疗机构就诊。

第二大类油性敏感性皮肤人群虽然没有皮肤干燥的困扰，但同样具有皮肤屏障功能问题，玫瑰痤疮［面部发红和（或）潮红］、寻常痤疮或刺激症状的发作频率可能并不亚于干性敏感性皮肤。由于此类人群皮肤水油不平衡，患者常常自觉补水成分很难完全被吸收，此类患者护肤的重点是适当更新角质层、控油及保湿，可坚持使用渗透性较好的乳液，其中油性敏感性色素性/皱纹性皮肤人群还需要特别注意光老化导致的相关问题，应尽量避免日晒及慎重选择光电类医美治疗。

第三大类油性耐受性皮肤人群的皮肤屏障相对较好，不易出现敏感症状，日常护肤的重点是合理清洁、控油及保湿，但其中色素性/皱纹性皮肤仍有日晒后出现色素沉着及皱纹的风险，可适当增加抗氧化及提亮肤色的护肤策略。

第四大类干性耐受性皮肤人群的皮肤屏障功能较好，皮肤对外界刺激反应性低，能够很好地耐受各种外界刺激，因此，发生皮肤病状况的可能性也较低，可以使用活性成分浓度较高的护肤产品。该类人群要注意合理清洁、保湿，对于干性耐受性色素性/皱纹性皮肤仍要加强防晒及对日晒后色素沉着或光老化皱纹做修复治疗。总之，Baumann分型方法从四个维度更精确地区分皮肤类型，每一种类型皮肤都有日常护理重点。值得注意的是，在不同的地区、季节或身体的不同部位，皮肤类型可能是不尽相同的，所以这种分型方法还需要结合身体的不同部位、所处时间及季节等多种因素来对皮肤进行分类。

3.《中国人面部皮肤分类与护肤指南》

虽然Baumann皮肤分型在国外很受欢迎，但是调查问卷的完成情况通常受到受访人群的认知和文化水平、饮食、生活习惯、环境特点等诸多因素影响，且其对于皱纹、松弛等皮肤衰老相关指标的判定标准与中国人的实际情况具有一定差异，提示我们在日常选择功效性护肤品及面部年轻化治疗方面需要参考更有针对性的标准。针对上述问题，中国医师协会皮肤科分会皮肤美容亚专业委员会结合传统的皮肤分型、Fitzpatrick皮肤分型以及Baumann皮肤分型拟定了《中国人面部皮肤分类与护肤指南》，该指南从中国人实际皮肤特点出发，分类标准由主分类标准和次分类标准组成。主分类标准以皮肤水油平衡为主要参数，根据皮肤角质层含水量和油脂分泌情况将皮肤分为三类，即中性皮肤（normal skin）、干性皮肤（dry skin）和油性皮肤（oily skin）。次分类标准参数为皮肤色素、敏感性、皱纹和皮肤日光反应性。根据主分类提出的护肤建议见表1-1-2。

另外，在三种主分类类型护肤基础上，该指南根据次分类皮

表1-1-2 不同类型的皮肤护理步骤

	中性皮肤	干性皮肤	油性皮肤
洁肤	春夏季皮肤偏油时可选弱碱性洁面乳或香皂，秋冬季选用不含碱性皂的保湿清洁剂。用磨砂膏或去角质膏，每3~4周1次	选用不含碱性皂的保湿清洁，25摄氏度温水洗脸。不宜进用磨砂膏或去角质膏处理	选择弱碱性并具有保湿作用的清洁剂，35摄氏度左右温水洗脸。磨砂膏或去角质膏2周用1次
爽肤	春夏季可用收敛性化妆水紧致皮肤，秋冬季用保湿、滋润的化妆水补充水分	选用保湿滋润不含乙醇的化妆水，充分补充水分	选用收敛性或控油保湿爽肤水，补充水分，祛除多余油脂
护肤	春夏季用水包油保湿乳剂，秋冬季用保湿滋润的霜类润肤品	选用强保湿剂及高油脂的霜类护肤品	选用控油保湿的水包油乳剂、凝胶护肤品
防晒	防晒霜的使用：室内工作者，SPF[①]=15，PA[②]+~++，每4小时1次；室外工作者，SPF>15，PA++~+++，每2~3小时1次；高原地区的人SPF>30，PA++~+++，每2~3小时1次	同中性皮肤	室内和室外工作者使用防晒霜或喷雾剂，其SPF及PA选择同中性皮肤者

续表

	中性皮肤	干性皮肤	油性皮肤
按摩	春夏季同油性皮肤；秋冬季同干性皮肤	用热喷以滋润保湿按摩霜进行按摩，每次5～10分钟左右，每周2次	一般用冷喷，以控油保湿按摩乳或啫喱进行按摩，以穴位按摩为主。按摩10～15分钟，每周1次
面膜	春夏季使用保湿面膜；秋冬季可适当使用控油保湿面膜。敷膜时间每次15～20分钟，每周1次	选用保湿效果好的面贴膜或热倒模。敷面膜时间为20～25分钟，每周1次	选择控油保湿面膜或冷倒模。敷面膜时间为10～15分钟，每周1～2次
备注	以保湿为基础，可适当控油收敛。随气候变化选用护肤品	以保湿滋润、美白、防晒为主	在控油的同时保湿，预防痤疮

资料来源：《中国人面部皮肤分类与护肤指南》。

注：①SPF（防晒系数）主要代表防护UVB的能力。②PA（防晒系数）代表防护紫外线A（UVA）的能力。

肤状况进一步做针对性护理：对于色素性皮肤可使用美白产品，加强防晒，必要时使用祛斑药物减轻色素沉着；针对敏感性皮肤使用不含香料、无色素、温和和安全的功效性护肤品，加强保湿，恢复皮肤屏障功能。对于皱纹性皮肤，加用抗皱产品或化学换肤、光电类医美治疗；对于容易晒红的皮肤，加强对UVB的防

护，使用SPF＞30的防晒品；对于容易晒黑的皮肤，加强对UVA
的防护，使用PA++～+++的防晒品。

 专家总结

　　不同的皮肤分型有各自的优势及针对重点，如果条
件允许，在主观分型的同时若结合相应的客观指标（仪
器检测结果），则分型将更为准确。另外，我们的皮肤
状态常常在不同的年龄、季节及生活状态发生改变，故
对于科学分型护肤的概念我们需要不断地更新及完善。

（王思宇）

二、关于皮肤结构与屏障功能都有哪些常见问题？

　　皮肤是指身体表面包在肌肉外面的组织，分为表皮、真皮和
皮下组织。皮肤作为人体面积最大的器官，覆盖于人体的整个体
表，保护人体内器官和组织免受外界有害因素的侵袭，阻止体内
水分、营养物质、电解质等流失，保持体内环境的相对稳定。皮
肤对人体而言，起到重要的屏障作用。

1.什么是皮肤屏障？

　　皮肤屏障是由皮脂膜、角质层角蛋白、脂质、"三明治"砖

墙结构、真皮黏多糖类等共同构成的物理屏障（图1-1-3）。

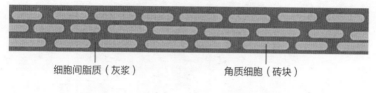

细胞间脂质（灰浆）　　　　　　角质细胞（砖块）

图1-1-3　皮肤——人体表面的天然屏障

健康的皮肤屏障可以抵御外界有害物、阻挡日光进入，同时具有保湿及调节抗炎作用。皮肤屏障受损将引起皮肤干燥，角质层含水量不足水分仍然经皮丢失，使干燥的皮肤更加干燥，引起皮肤老化、色素沉着异位性皮炎、湿疹、银屑病、鱼鳞病、日光性皮炎、皮肤敏感、刺激性皮炎、激素依赖性皮炎、皮肤油腻、皮脂溢出性疾病（如寻常痤疮、酒渣鼻、脂溢性皮炎等）。

2. 皮肤屏障都有哪些主要结构?

皮肤屏障的结构主要包括皮脂膜、角质层的"砖块""灰浆"等。

1）皮脂膜

皮脂膜是皮肤最外层的保护屏障，是覆盖在皮肤表面的一层透明薄膜。皮脂膜是由皮脂腺分泌的油脂、角质细胞崩解产生的脂质、汗腺分泌的汗液等，在皮肤角质层表面乳化形成的一层保护膜（图1-1-4）。皮脂包括甘油三酯、蜡酯、角鲨烯、胆固醇

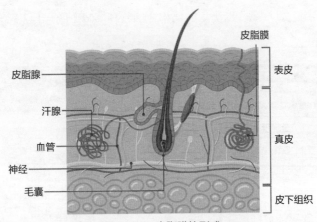

图1-1-4　皮脂膜的形成

酯和胆固醇等，皮脂膜pH（酸碱度）值应维持在4.5～6.5呈弱酸性的状态，以保持皮肤的健康。

皮脂膜是锁水最重要的一层，可以有效锁住水分，防止皮肤水分以及天然保湿因子的过度蒸发，并能防止外界水分及某些物质大量透入，保持皮肤的正常含水量，滋润皮肤。皮脂膜中的一些游离脂肪酸能抑制某些致病微生物生长，帮助抵御污染的空气、紫外线等外部刺激的侵袭，防止皮肤老化。

2）角质层

（1）"砖块"——角质细胞

角质层是表皮最外层，由10～20层扁平无核死亡细胞组成，厚度在10～40微米，在手掌和脚掌部位最厚——因为手掌和脚掌要经常摩擦、接触外界物质。角质细胞通常被比作砌墙的"砖块"，呈叠瓦状垂直分布的角质细胞阻止细胞外基质过度伸展，减少水分的丢失。同时，胞质中充满由张力细丝与均质状物质结合而形成的角蛋白，角质细胞及其细胞外成分彼此紧密嵌合，为人体提供了保护屏障。角质层内细胞膜间发生广泛的交联，形成不溶性的坚韧外膜即角化包膜（cornified envelope，CE），是表皮防御功能的基础（图1-1-5）。

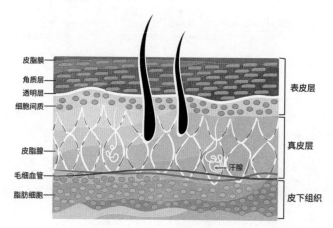

图1-1-5　角质层的结构

（2）"灰浆"——细胞间脂质

角质细胞间的脂质类似砌墙的"灰浆"。这种脂质是角质细胞的产物，主要包括神经酰胺、游离脂肪酸、胆固醇等（图1-1-6）。与其他层细胞相比，角质层细胞间脂质具有明显的生物膜双分子层结构，即亲水基团向外、亲脂基团向内，形成水、脂相间的多层相夹结构，具有缓慢的流动性，为物质进出表皮时所必经的通透性和机械性屏障。这种结构在角质层的

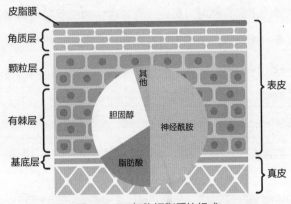

图1-1-6　细胞间脂质的组成

保湿以及保护方面有重要作用，可防止体内水分和电解质的流失，阻止外界有害物质的入侵，有利于内环境的稳定，避免外来混合物渗透或微生物进入皮肤表皮、真皮，从而避免引起免疫应答-炎症反应。当皮肤屏障功能受到破坏时，板层小体及细胞间脂质参与屏障功能的修复。

3.皮肤屏障有哪些功能?

当来自外界的物理、化学、生物等不利因素入侵皮肤时，皮肤屏障可以起到阻止和保护的作用。

1）物理屏障

以皮肤角质层为代表。它将皮肤和外界物质分隔开来。角质层健康，抵御外界机械损伤的能力强，皮肤整体状态稳定；防止人体皮肤水分的不正常丢失，具有保湿功能，同时阻挡外界水分进入人体。

2）微生物屏障

微生物屏障存在于皮肤表面，由有益菌和有害菌共同组成，菌群平衡稳定能防止外界微生物如细菌、真菌、病毒等入侵人体引发疾病。

3）化学屏障

化学屏障功能主要表现在皮肤表面pH值呈弱酸性，有抑制细菌生长等作用。

4）免疫屏障

免疫屏障指人体免疫功能。当人体受到细菌入侵时，皮肤免疫屏障工作，抵御细菌侵害，维护皮肤健康。

这四道"屏障"一起保护着皮肤，起到防御紫外线照射产生的光损伤、防止微生物进入皮肤等多重作用，保证皮肤状态稳定。

4.造成皮肤屏障功能损害的因素有哪些?

1）遗传

遗传性皮肤薄嫩。

2）护肤不当

①清洁过度：频繁去角质和过多使用表面活性剂。

②洗脸水太热导致皮脂膜水解。

③洁面乳为磨砂洁面乳。

④使用含糖皮质激素（简称激素）的护肤品/化妆品。

⑤频繁去美容院做脸，长时间按摩皮肤。

⑥过度刷酸（在皮肤上使用含酸性物质的药品或化妆品）。

3）环境因素

寒冬、干燥的环境及环境污染、紫外线的伤害也会损伤皮肤。尤其紫外线是导致各种皮肤问题的元凶，不仅导致光老化和晒黑，也会损伤皮肤屏障。在接受过量紫外线照射后，皮肤可出现粗大皱纹、弹性下降、不规则的色素沉着斑、毛细血管扩张。紫外线照射皮肤诱发氧化应激和炎症等病理生理过程，细胞内抗氧化酶被抑制，生成多量的氧自由基，导致经皮水分丢失增加，破坏皮肤屏障结构的稳定性。

4）皮肤病

慢性或急性皮肤炎症会使皮肤屏障里的脂质含量减少，角质细胞间的黏合度明显下降。

5）生活习惯

熬夜、情绪压力大、作息不规律、过量运动可影响皮肤的pH值、角质层水合作用和皮脂的分泌，可能对正常皮肤屏障功能的维持有负面影响。出汗明显增多可导致皮肤表面变得潮湿，角质层水合作用明显增加，脂质的含量明显减少。温暖和潮湿的气候可以为微生物生长提供有利环境。一些体育运动也可能与皮肤屏障受损有关。

6）年龄

年龄的变化对皮肤屏障功能也有影响。成年人25岁以后皮肤逐渐老化，特别是老年人的皮脂腺及角质形成细胞的功能等全面下降，皮肤便会出现干枯、下垂、皱纹增多等现象。

5.如何修复皮肤屏障呢?

1）治疗原发疾病

去正规医疗机构就诊，遵医嘱规律用药，避免搔抓和温度过高的水浴，停止对皮肤的进一步损害。

2）补充脂质

根据皮肤屏障结构可知，脂质是皮肤屏障皮脂膜及砖墙结构的重要成分，要修复皮肤屏障，首先是要恢复脂质的含量和比例。故可通过补充一定量的脂质修复患者的皮肤屏障。

在生理情况下，角质层间的脂质主要由神经酰胺、胆固醇和游离脂肪酸等组成，所以外用保湿剂首选含神经酰胺、胆固醇等生理性脂类护肤品。相关研究表明，外用生理性脂类护肤品，除了起到外源性补充脂质的作用，还存在调控基因表达、促进皮肤屏障自我修复的功能。

3）坚持保湿

保湿剂可以明显提高皮肤的含水量，缓解皮肤干燥、瘙痒，从而减轻患者搔抓造成皮肤屏障进一步破坏。同时正确使用保湿剂可模拟天然保湿系统，延缓水分丢失，增加皮肤水分渗透，为皮肤提供保护、减少损伤、促进修复的作用。相关研究也表明保湿剂对受损皮肤有治疗作用。

4）合理使用外用激素制剂

尽早去正规医疗机构专科就诊，避免自行使用含有激素的外用制剂。不合理使用激素可能导致激素依赖性皮炎，长期使用还会使皮肤变薄、萎缩，破坏表皮微生态的平衡，抑制脂质合成，延缓皮肤屏障修复。

5）精准的光电治疗

可通过光子嫩肤的方法重建皮肤屏障。强脉冲光对局部的胶原蛋白进行刺激，闭合过于扩张的毛细血管，达到修复皮肤的目的。低能量强脉冲光可有效改善敏感性皮肤的灼热、瘙痒、疼痛、紧绷感。

6）适度清洁

适量使用洁面产品，避免机械摩擦，避免过度清洁。洁面次数过多、力度过大都会破坏皮脂膜，刺激脂质分泌，产生"外油内干"的感觉。同时正常皮脂膜呈弱酸性，因此在重构患者皮肤屏障功能时，还需避免使用碱性洁面产品。

7）其他

如合理防晒，减少紫外线对皮肤的损伤，舒缓精神压力，在医生的指导下配合治疗，保持耐心，树立信心，维持皮肤良好的状态。保证充足的睡眠、减少辛辣及其他刺激性食物的摄入也对皮肤屏障重构有重要意义。

（张楠）

三、为什么不同人的皮肤颜色不同？

追求白皙的肤色，并不为现代女性独有。早在先秦时期，"以白为美"就已经成为人们对美的普遍认同，"一白遮百丑"的说法也因此流传了下来。

现如今，各类把皮肤"变白"的"法宝"可谓是五花八门。从带有增白效果的基础护肤品，到各类化学换肤术、光电技术、"美白针"，再到"美白粉""美白丸"等口服产品，逐渐融入人们的生活，让众多求美者跃跃欲试。

1.为什么人们之间的肤色不尽相同呢？

其实，从我们出生的那一刻起，我们皮肤的"色号"就已经被我们的基因所决定了。有的偏白，有的偏黑，还有更多人的肤色位于这两者之间——黄。作为"黑头发、黄皮肤"的中国人，相较白色人种更容易被晒黑，于是，随着时间的推移，我们的肤色开始不均匀，整体色调变黑，甚至出现色素斑。

2.我们的肤色为什么会出现变化呢？

首先我们需要了解，我们的肤色是由谁决定的。在我们的皮肤内部，有决定我们肤色的"四兄妹"，它们分别是黑色素、胡萝卜素、氧合血红蛋白和还原血红蛋白。看起来是不是觉得有些抽象？但你只要大致知道其中的"老大"——黑色素就可以了，因为我们的肤色，很多时候都是它"说了算"！除了这"四兄妹"，皮肤上增厚的角质层以及老化的真皮层，也会不同程度地影响着我们的肤色。

那么，"老大"——黑色素又是怎么样影响着我们的肤色的呢？

这就不得不从黑素细胞开始说起。黑素细胞主要位于表皮的基底层，像一位不知疲倦的伟大母亲，承担着"繁育后代"的重任。这位伟大的"妈妈"，在显微镜下，看起来更像一只超级"八爪鱼"，黑素细胞利用"挥舞的小手"，可以把自己的"宝宝"——黑素颗粒，送到我们表皮层里面的角质细胞中，从而让我们呈现深浅不同的肤色。

那么，是不是我们的黑素细胞越多，我们的肤色就越黑呢？答案是否定的。因为如果黑素细胞不孕育无数的黑素颗粒，那么再多的黑素细胞也无法把我们的皮肤变黑。那怎么样才可以产生更多的黑素颗粒呢？严格地说，这里面其实存在着一系列复杂的生物化学反应，但是其中非常重要的一个酶——酪氨酸酶扮演着"爸爸"这个重要的角色。但是这个"爸爸"并不愿意时时刻刻工作，它喜欢阳光的照耀。所以当我们的皮肤受到阳光的照射时，这位"爸爸"仿佛充满了力量，加倍努力地干活，使得黑素细胞合成黑素颗粒的进程加快，也就孕育出了更多的"宝宝"，当"宝宝们"离开自己的"爸爸妈妈"，被送到我们的表皮，我们的皮肤也就变得更黑了。在临床中，白癜风患者色素脱失的皮肤通过经特殊处理过的紫外线照射来产生更多的黑色素，恢复到正常的颜色，就是利用这个原理。

（唐丽娜）

四、怎么解读皮肤问题的"照妖镜"——皮肤影像分析仪呢？

在一般情况下，肉眼可以看到面部皮肤表面比较明显的状况，那么表皮深层的问题甚至真皮层的问题该怎么去发现呢？

这种时候就需要借助仪器去发现皮肤深层问题的根源，下面给大家详细解读皮肤影像分析仪，让所有皮肤问题无处可藏。

皮肤影像分析仪是能对皮肤的病理学特征进行定量分析的仪器，不仅可以检测已经暴露在皮肤表面的问题，还能够通过定量分析暴露隐藏在皮肤基底层的问题。以恩图皮肤影像分析仪为例，它采用了纯光学混合光谱成像技术，6张检测图像全部是通过光学检测获取，而非仅靠软件合成。其他一些皮肤影像设备对于皮肤炎性、血管问题的检测，仅靠软件从表面皮肤获取的少量信息延伸合成图像，并不是真实的光学图像。它的硬件，采用了2 400万像素成像系统、9组11片医疗级镜头、UV+全息金属镀膜滤镜组、6 000 K纯白光照明系统，软件使用了MSA专利混合光谱技术，图像精度高达6 000像素×4 000像素，输出分辨率为300 dpi（点每英寸），达到了国际医学期刊印刷标准。通过专业面部图像采集系统，利用真实6光谱检测模式成像，包括平行偏振光谱成像、交叉偏振光谱成像、混合近红外光谱成像、近红外光谱成像、紫外光谱成像、棕色光谱成像。多光谱混合扫描技术，极大地提高了面部皮肤的可视程度，获得带有各种病理特征的、肉眼看不到的面部图像，配合多种专业面部皮肤软件从不同侧面为面部皮肤的医学分析提供依据，不仅可以检测皮肤炎症、血管性问题、斑点、毛孔、皱纹、皮肤纹理、皮肤细菌状态；还可对日光损伤进行定量评估等。在内容存储方面，加入局域网即可实现图像共享，不受硬盘容量限制，存取更方便，更不会使系统运行越来越慢。

平行偏振光谱成像（图1-1-7A）：日光本来是在各个方向振动的波，当通过偏振片时，同偏振片偏振方向一致的日光通过（其他方向的被阻挡），变成偏振光，其照射到皮肤上，皮肤表面上的直接反射光会顺利通过在摄像头前的与其偏光镜偏振方向一致的偏振片而到达摄像头，而来自皮肤表面以下的光由于发生振动方向的变化，故而部分被摄像头前的偏振片阻挡，所以提高了皮肤表层图像分辨率，使毛孔、皱纹、表面色素斑都更清晰了。平行偏振光亦称为镜面反射光，可查看皮肤表面肉眼可见的斑点或者表皮其他色素沉淀（如晒斑、雀斑、痘印）、皱纹、皮肤松弛下垂、毛孔变化，主要用于检测皮肤光老化。

交叉偏振光谱成像（图1-1-7B）：探测可深入皮肤40微米左右，可见代表不同皮损形态的浅褐色、黄褐色、黑褐色、淡黄色或暗红色图像信息等；可检测毛细血管的形态、肤色均匀度、痤疮；阻挡了来自皮肤表层的直接反射光，从而提高了皮肤表层下方的图像分辨率，使皮下的褐色、红色、毛细血管、色素斑等图像信息的显示更清晰。

混合近红外光谱成像（图1-1-7C）：用近红外光和交叉偏振光同时照射皮肤，形成的图像结合了近红外光谱成像和交叉偏振光谱成像的特性，使血管中的血

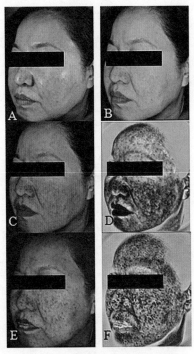

图1-1-7 思图 影像分析仪光谱

红蛋白在真皮乳头层显现，使皮肤的毛细血管有了更清晰的呈现，可以对敏感性皮肤准确判断，越红越敏感。混合光谱成像技术混合了780～1 000纳米波长的近红外光，皮肤较细血管中的血红蛋白对这个波段光谱吸收率较好。混合近红外光谱成像可以探测毛细血管扩张、皮肤敏感区域，对于修复、治疗敏感性皮肤非常有意义。

近红外光谱成像（图1-1-7D）：近红外光谱范围较大，选择对红细胞有更高的吸收率波段的近红外光照射皮肤，由于红细

胞吸收了部分近红外光，形成的图像把皮肤表层和皮下真实存在的毛细血管、血管堵塞和炎症区域反映出来，这样对在皮下存在的但日光图像上并不明显的炎症区域也有准确的呈现，可以对比其他光谱成像来准确判断皮下是否有炎症或血管堵塞，给予患者更准确的治疗方案。

紫外光谱成像（图1-1-7E）：紫外线是不可见光，通过UV+全息金属镀膜滤镜组，采用320~400纳米波长的UVA光源，可穿透真皮深处，探测较深层的色素。利用人体自发荧光原理，经紫外线照射后，真皮层的胶原纤维和弹力纤维吸收紫外线后自发荧光，而皮肤中的黑色素吸收紫外线后不发荧光。面部皮肤正常菌群吸收紫外线后产生荧光。例如砖红色荧光的痤疮丙酸杆菌、绿色荧光的铜绿假单胞菌等。用360纳米左右的紫外线照射皮肤，在暗室里，会激发出皮肤的生物荧光，被摄像头采集并成像，由于皮肤各部分的性质差异，可以看到皮肤不同层面的各种斑（包括黄褐斑、晒斑、雀斑等）、毛孔堵塞、白癜风或其他原因脱色的亮白区域。

棕色光谱成像（图1-1-7F）：主要检测黑色素中的褐黑色。在皮肤的各类色素中，黑色素是决定皮肤颜色的主要因素，黑色素又包含褐黑素，褐黑素表现为红色到红褐色的相对变化。利用590~625纳米波长的橙色光谱可检测色素密度较高的色素斑，如黄褐斑、雀斑、雀斑样痣等。所以棕色光谱成像主要检测的是色素斑的密度与厚度，非常适合用于色素斑治疗前后的对比。利用暖色光照射皮肤，此暖色光为单色光，在暗室里，单色光照射的特性是与其光谱相近的光会充分反射，与其光谱相差较大的光反射较少，所以我们可以得到反映皮肤色素沉着和色素密度的棕区图。相比传统光谱成像，这个光谱成像会给皮肤提亮，能为增白和祛斑提出更直观的证据。

（谢军）

五、什么是皮肤老化？

皮肤老化是一个复杂的生物学过程，包括由遗传因素决定的内在老化，以及主要由日晒和空气污染等大气因素和不同生活方式（如饮食和吸烟等）引起的外在老化。

自然老化是由基因决定的，主要受逐渐缩短的端粒控制。随着年龄增加，端粒的自然、逐渐缩短最终导致皮肤干细胞的分裂功能逐渐出现障碍或丧失。另外，活性氧（reactive oxygen species，ROS）也是导致皮肤衰老的重要因素。在皮肤中，生理过程消耗的氧气有1.5%~50%会转变成ROS。我们自身的抗氧化系统可以清除掉过多的氧自由基，从而保持氧化/抗氧化的平衡。在自然衰老过程中，内在防御机制会逐渐减弱，ROS会逐渐增加，导致皮肤衰老加速。

紫外线，特别是UVB（290~320纳米）和UVA（320~400纳米），在造成皮肤损伤（包括皮肤癌）方面的作用已得到充分证实。近年来，可见光（380~780纳米）和红外光（>780纳米）对皮肤造成的损伤，类似于紫外线引起的光损伤也被阐明。此外，其他大气因素，如空气污染（臭氧、颗粒物等）与皮肤过早老化有关。

非酶糖基化指还原糖（如葡萄糖）在没有酶的催化情况下，与蛋白质、脂质或核酸在经过缓慢的反应后，最终生成一系列的晚期糖基化终末产物的过程（AGEs）（图1-1-8）。如果我们进食过多的糖并且在体内无法消耗时，这些糖就会和我们身体的蛋白质、脂肪等物质相互作用发生非酶促反应，产生AGEs。AGEs会对我们的皮肤和身体产生影响，让皮肤出现皱纹、色素斑及失去光泽等衰老表现。

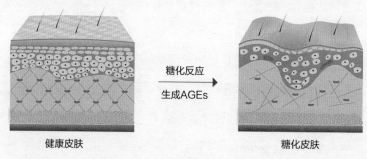

图1-1-8　健康皮肤与糖化皮肤的区别

炎症反应是人体免疫系统极其重要的不可缺少的自我保护措施。另外，炎症反应会引发大量氧自由基出现，提高真皮层基质金属蛋白酶的表达，将破坏正常的胶原蛋白和弹性蛋白，从而使皮肤失去弹性，产生皱纹。

众所周知，吸烟对人体有害，是皮肤老化的一个重要且独立的危险因素。烟草中有害成分（尤其是尼古丁）可诱导基质金属蛋白酶表达，从而对角质形成细胞、成纤维细胞及皮肤微血管具有毒性作用。

此外，睡眠对细胞生长和修复至关重要，睡眠质量差会导致细胞因昼夜节律紊乱而出现功能障碍，从而引起包括皮肤在内的各种器官发生变化。

环境暴露导致的皮肤损伤主要是由于皮肤内部产生的ROS引发的复杂级联反应，对蛋白质、脂质和核酸等细胞成分造成氧化损伤。这些受损的皮肤细胞启动炎症反应，导致最终的损伤表现在长期暴露的皮肤上。

空气污染物可以以固体、液体、气体等形式存在。这些污染物在大气（对流层）中处于较低水平，并在城市和农村地区定居，形成所谓的雾霾。影响皮肤的主要空气污染物有太阳紫外线照射、多环芳烃、挥发性有机化合物、氮氧化物、颗粒物、香烟烟雾等。皮肤是人体面积最大、最外层的器官，是抵御环境因素的物理、化学和免疫屏障。长期重复暴露于环境应激原超过皮肤正常防御潜能时，皮肤屏障功能会发生紊乱，导致各种皮肤病的发生。暴露于紫外线照射与外源性皮肤老化和皮肤癌有关。吸烟会导致过早衰老，并增加银屑病、痤疮和皮肤癌的发病率，也与过敏性皮肤病如特应性皮炎和湿疹有关。多环芳烃与外源性皮肤老化、色素沉着、癌症和痤疮样皮疹有关。挥发性有机化合物与特应性皮炎有关。

空气污染物通过增加氧化应激来对抗皮肤的抗氧化防御，从而对皮肤产生有害影响。皮肤抗氧化系统中酶（谷胱甘肽过氧化物酶、谷胱甘肽还原酶、超氧化物歧化酶和过氧化氢酶）和非酶（维生素E、维生素C和谷胱甘肽）抗氧化能力的消耗，自由基和ROS与富含脂质的质膜相互作用，从而启动脂质过氧化级联反应。ROS还刺激促炎介质的释放，导致中性粒细胞和其他吞噬细胞的聚集，进一步产生氧自由基，形成恶性循环。氧化应激还启动了复杂的生物过程，导致遗传损伤，激活转录因子（如激活蛋白1和核因子κB）和信号通路（如细胞外信号调节激酶、c-Jun氨基端激酶和p38丝裂原活化蛋白激酶），参与细胞生长和分化以及真皮结缔组织的降解。

颗粒物是空气污染的主要成分之一，是指含有液体和（或）固体的气体混合物，其大小和组成各不相同。空气动力学直径（Dp）在0.1～2.5微米的颗粒物被称为细颗粒物（$PM_{2.5}$），主要来源于明火、汽车尾气和发电厂。在皮肤中，$PM_{2.5}$会诱发不同的损害过程，如DNA损伤和脂质过氧化。皮肤暴露于颗粒物中可促使色素斑的形成，ROS生成增多，促炎性细胞因子释放增加，这些都会导致皮肤老化加速和病原体入侵的易感性增加。皮肤暴露于空气污染物中可通过ROS诱导产生基质金属蛋白酶-1（MMP-1）和基质金属蛋白酶-3（MMP-3），并通过降解胶原蛋白和弹性蛋白而加速皮肤老化。此外，转化生长因子-β（TGF-β）表达减少，成纤维细胞合成 I 型胶原蛋白 α 链（COL1A1，COL1A2）和弹性蛋白减少是颗粒物诱导皱纹形成和皮肤老化的其他因素。

除环境空气污染外，室内空气污染也被认为是皮肤过早老化的危险因素。室内空气污染物主要来自烹饪、取暖和照明等家庭活动，特别是在低收入和中等收入国家。全世界有30亿人每天因使用固体燃料（包括生物燃料）而暴露于有毒的室内空气污染物（来源于植物中或煤燃烧）。

（李娟）

六、什么是皮肤糖化？

1912年，法国科学家发现甘氨酸与葡萄糖混合加热时会产生棕黑色的大分子物质，他将该过程描述为糖化反应。除了烤面包、烤鸡翅会有糖化反应外，人体内也无时无刻不在进行着糖化反应。人体的糖化反应分为两种，第一种是糖基化，也就是在酶的作用下，糖与蛋白质结合，生成正常生命活动所需要的糖蛋白。这类糖蛋白参与人体细胞的发育、分化和代谢，是人体生存所必需的。而第二种糖化反应才是我们平常所说的"糖化"，它对人体是有害的。风靡健身圈、医美圈的"抗糖化"要抗的就是这第二种糖化反应。这种糖化反应是人体内发生的不可逆性化学反应，它的全称是非酶糖基化，是指还原性糖（如葡萄糖、果糖）上的羰基与蛋白质、脂质或核酸等大分子上的游离氨基之间发生的非酶性缩合反应，是不经过酶催化的。以下所说的糖化反应均指非酶糖基化。糖化反应所生成的最终产物是稳定的共价化合物，被统称为AGEs。AGEs呈棕褐色、不可逆、交联、不怕酶破坏、不易降解、有特别的吸收光谱及荧光特性、逐渐累积，可与许多细胞膜特异性受体结合发挥生物学效应。AGEs存在于所有生物体内，是促进宿主细胞死亡和器官损伤的毒性分子，它会在各种组织的细胞外基质中积累，会导致许多疾病，比如糖尿病、心血管疾病、神经退行性疾病等的病理生理学进展。

对皮肤来说，糖化反应是导致皮肤衰老的重要因素。AGEs不仅对皮肤起不了积极作用，还会使皮肤失去弹性、形成皱纹、产生色素斑等。AGEs会随年龄的增长持续堆积，难以清除。

1.皮肤松弛、产生皱纹

AGEs能抑制成纤维细胞的产生。成纤维细胞会合成胶原蛋白等蛋白质，使老化受损细胞更新迭代，改善肤质，是维持皮肤年轻态的决定性因素。AGEs抑制成纤维细胞的增殖就会减少胶原蛋白的生成，使皮肤失去支撑和张力而变得松垮。真皮中有大量富含赖氨酸和羟赖氨酸的胶原蛋白与弹性蛋白，是保持皮肤饱满有弹性的基础。AGEs可以与胶原蛋白及弹性蛋白形成交联，降低结缔组织的通透性，影响皮肤细胞黏附与细胞生长过程，减弱皮肤的正常代谢功能；还能增加皮肤组织的硬度，降低皮肤弹性和柔韧度，导致皮肤松弛、变薄，出现萎缩、皱纹。AGEs除了直接影响组织外，还可以与AGEs受体结合，激活及诱导信号传递及促炎性细胞因子，上调炎症和氧化应激水平，进一步促进皮肤衰老。

2.皮肤发黄、暗沉

因为AGEs是一类发黄褐变的生物垃圾，与胶原蛋白和弹性蛋白交联后会使其变黄、变脆，长此以往则会使皮肤发黄、暗沉。AGEs还可以直接沉积在皮肤组织上使皮肤出现色素沉着现象，还可以激活黑色素分泌相关信号通路，增加相关转录因子的表达和酪氨酸酶的活性，促进黑素细胞产生黑色素，导致皮肤色素沉着。

3.皮肤冒痘

AGEs可以在表皮中沉积，减慢角质细胞更新速度，使老旧的角质细胞不能及时代谢，皮肤稳态失衡，使皮肤角质增厚、油脂分泌排泄不畅，容易出现痘痘。

4.促进光老化

光老化的表现即暴露部分皮肤干燥、粗糙、松弛，皱纹加深、加粗，皮肤黑素细胞增加，色素分布不均匀，角质层增厚等。紫外线照射可激发皮肤的氧化应激反应，引起皮肤的糖化反应，产生AGEs。紫外线又利用AGEs的特性促进氧化应激反应，造成皮肤氧化损伤，加速光老化。胶原蛋白糖基化交联后会吸收更多紫外线，在紫外线作用下产生更多氧自由基，进一步导致皮肤衰老，形成恶性循环。

那我们该如何对抗糖化导致的皮肤衰老呢？因为糖化反应是不可逆的，被糖化反应破坏的胶原蛋白、弹性蛋白难以被修复，所以最好的方法是预防，越早预防越好。体内的糖化反应无时无刻不再进行，所以完全戒糖也不可能完全阻止糖化反应。就算不摄入任何糖类，蛋白质和脂肪也能在体内转换成葡萄糖，用来维持血糖平衡。所以我们需要做的是控糖而不是完全戒糖。在日常生活中我们要减少摄入过多的糖分，戒烟，也要少吃油腻及高脂肪的食物，多吃蔬菜摄入更多的膳食纤维；加强体育锻炼，加快AGEs在体内的消耗。由于紫外线和内在情绪压力有加速糖化反应的作用，所以平时要注重防晒，保持情绪稳定。我们还可以使用一些含有抗糖化作用成分的产品，比如含有肌肽、硫辛酸、维生素C等的护肤品。含有肌肽成分的注射类医美产品也可以根据条件选用，直接将肌肽类产品注射到真皮层，可起到促进胶原蛋白纤维化、抚平皱纹、改善衰老的目的。至于抗糖丸和抗糖口服液目前还没有高质量的科学依据来支持使用。

专家总结

　　糖对皮肤并不是洪水猛兽，除了非酶糖基化，氧自由基和光老化也是皮肤老化的重要因素。所以要对抗皮肤衰老，不仅仅是抗糖的问题，我们需要注重综合保养，保持良好心态，做好清洁、防晒、保湿的基础护肤工作，再与抗糖化、抗氧化有机结合，才能达到更好的抗皮肤老化的效果。

（王倩）

七、如何进行皮肤保湿？

　　或许你常常会听到皮肤科医生或护肤"达人"说，护肤最重要的步骤就是保湿，但是你心中可能立刻出现了无数个问号："保湿护肤品有哪些？每种保湿护肤品的作用是什么？哪些保湿步骤是必要的？"接下来，我们会就这些问题做简单的说明。

1.保湿护肤品有哪些，其作用分别是什么？

　　我们日常使用的保湿护肤品主要包含了具有补水作用的面膜、化妆水、精华液及具锁水作用的乳液及面霜。

1）面膜

　　市场上的面膜主要分为四种：面贴型、冻胶型、泥膏型、撕拉型。而具有补水功能的主要是前两型——面贴型（最常见的面贴膜）和冻胶型（睡眠面膜）。这两型面膜是利用医学上常用的封包疗法，隔离外界的空气与污染物，在局部形成一个密封环境，使得皮肤的毛孔扩张，促进汗腺分泌与新陈代谢，同时面膜中的大量水分渗入表皮的角质层，角质层处于高度水合状态。

2）化妆水

化妆水的主要功能为补充水分、清洁及平衡皮肤水油/酸碱度，包括爽肤水、柔肤水及紧肤水。爽肤水相对清爽、不油腻，适用于中性皮肤，或炎热夏季；柔肤水相对滋润，适用于干性皮肤或干燥缺水的冬季；紧肤水能有效抑制油脂分泌，收缩毛孔，适用于油性皮肤。

3）精华液

精华液是浓缩的高营养物质，具有较高浓度的保湿、抗氧化、美白成分，分子较小，能穿透到皮肤的真皮层发挥功能。保湿精华是使用最多的精华，保湿精华中的保湿成分有以透明质酸、泛醇、尿素/尿囊素、神经酰胺为代表的天然保湿因子和以甘油、丁二醇、丙二醇为代表的经典的保湿剂成分，以及以胶原蛋白、米糠蛋白、小麦蛋白、燕麦蛋白为代表的高分子蛋白类吸水成分。神经酰胺、泛醇等天然保湿因子不但渗透性强，保湿效果卓越，还能修复皮肤屏障，建议配合化妆水、乳液、霜剂等产品使用。

4）乳液和面霜

乳液和面霜具有强大的锁水功能，同时含有多种营养因子，是滋润与为皮肤提供营养不可或缺的保养品。乳液和霜类是油和水在乳化剂作用下形成的水包油型（乳剂）或油包水型（霜剂）结构的护肤品。乳液表面是水，吸收更快，质地比较清爽，但保湿效果一般，适合夏天或者中性、混合性和油性皮肤使用。霜剂表面是油，更有利于锁水保湿，故锁水能力更强，滋润效果显著，适合干燥的秋冬季节使用或者干性、中性皮肤使用。

2.必要的保湿步骤有哪些？

在进行补水保湿前大家需要将自己的面部清洗干净，具体步骤及注意事项可见本书清洁相关内容。正确的保湿环节包括补水和锁水，依次为面膜（可选）→化妆水→精华液→乳液→面霜（可选）。

第一步：使用面膜。面膜不需要每天使用，建议每周使用2～3次，过多使用面膜会使皮肤补水过度、角质层中的油分丢失，角质细胞间的连接松散，甚至让皮肤变为敏感受损皮肤。在特殊情况下，如日光暴晒，光电治疗、中胚层疗法等医美治疗术后，可根据医生的建议增加面膜的使用频次，使用专业的功能性面膜进行修复。

第二步：使用化妆水。推荐使用专用化妆棉浸透化妆水后从内往外、从下往上轻拍30～60秒补水。

第三步：使用精华液。将精华液滴在手心后，以手心按压的方式，轻轻在两颊、额头、鼻头、下巴等处轻轻按压，促进精华液被皮肤吸收。

第四步：使用乳液。取出适量的乳液在自己的双手掌，轻轻地进行揉搓至温度微微升高，再轻轻由内向外按压面部，直到乳液全部被皮肤吸收。

第五步：使用面霜。对于秋冬季节或干性皮肤，可以将上述乳液换成面霜或在使用乳液后再涂抹面霜，方法同第四步。

关于保湿的"避坑"小贴士

● 喝水就能保湿 （×）

虽然喝水对于维持我们正常的新陈代谢非常重要，但喝水很难直接改善我们皮肤的干燥状况，因为表皮很难或无法直接从身体内部获得水分，故想要获得健康润泽的皮肤，在保证每天饮8杯水的同时，要做好皮肤的保湿护理工作。

● 当皮肤干燥时使用保湿喷雾就够了 （×）

保湿喷雾的作用类似于化妆水，仅能补水，不能锁水，喷雾水分和皮肤进行交换的过程时间很短，随着喷雾的挥发，会同时带走皮肤的水分，使皮肤更加干燥。单单使用喷雾补水会使皮肤越来越干。所以在使用保湿喷雾后，建议用干净纸巾或是化妆棉将表层的水分慢慢按压至被皮肤吸收，并尽快涂抹保湿乳来锁住水分。

● 成分越复杂的护肤品保湿效果越好　　　　（×）

许多护肤品宣称同时具有几十甚至上百种保湿成分，具有强效的保湿效果。但需要注意的是，护肤品的保湿效力除了与产品成分相关外，还与具体每种成分功效、浓度和使用者肤质等多种因素相关，并且当皮肤处于受损或高敏状态时，使用成分过于复杂的护肤品造成皮肤受刺激或过敏的风险增高，应尽量避免。

● 保湿产品涂越多皮肤越好　　　　　　　　（×）

很多人都有不同程度的"护肤强迫症"，认为护肤品涂得越多，保湿效果就一定越好，所以常常有人在同时涂抹几种护肤品后，皮肤反而出现了脂肪粒、毛囊炎等问题。我们需要知道的是，每一种护肤品或其中成分都有它的特定功效与适合用量，盲目"厚涂"或"叠加使用"，不仅会影响皮肤对成分的吸收，还会出现"营养过剩"带来的问题。

（王思宇）

八、怎么保湿才更科学？

1.皮肤为什么要保湿？

护肤的三大基石：清洁、保湿、防晒。清洁使皮肤干干净净，保湿使皮肤水水嫩嫩，防晒使皮肤白白净净。难道保湿的功能就只是这么简单吗？非也。

我们的皮肤从外到内由表皮、真皮和皮下组织构成。表皮最外层是角质层，曾经被认为是由一堆毫无用处的衰老死亡细胞堆积而成，后来经过研究证实角质层对皮肤非常重要，是人类抵抗外界各种病原体入侵的第一道防线。它如同蛋黄酥最外层的酥皮，由10～20层死亡的、扁平盘状的、排列紧密的细胞组成，它们层层叠叠似堆砌的砖块，而填于其缝隙中的"灰浆"是一些脂质，这样如坚固城墙一般的结构被形象地称为砖墙结构，就是我们常说的皮肤屏障，它可以锁住皮肤水分，同时防止外界各种病原体入侵人体。角质层还含有其他许多化学物质，比如天然保湿因子——对水的吸附如同吸铁石，使我们的细胞"膨"起来，把细胞与细胞间的缝隙都填得满满的，让皮肤看上去平滑而水润。当天然保湿因子减少时，会使细胞干瘪，皮肤粗糙而没有光泽。这时就需要保湿类护肤品的加持，修复皮肤屏障，恢复光滑、健康的皮肤外观。

2.保湿剂是如何分类的呢？

保湿剂，是指能起到补充皮肤角质层水分、保持皮肤湿度，防止皮肤干燥或使干燥皮肤恢复水润光滑的物质。

1）根据作用机制不同分类

根据作用机制不同，可分为吸湿性保湿剂、封闭性保湿剂、润肤性保湿剂、仿生类保湿剂。

（1）吸湿性保湿剂

吸湿性保湿剂需要从真皮或外界环境中吸收水分，从而提高角质层含水量。但有一定前置条件，即皮肤周围的相对湿度需高达70%，吸湿性保湿剂才能从环境中吸收水分，这是很难实现的。在大多数情况下，它只能从真皮吸收水分，这些水分仍然会通过表皮蒸发流失，所以如果只喷保湿水在脸上，很快就会觉得脸上紧绷绷的，是因为更低湿度的外界环境把水带走了。该类保湿剂常用的有甘油、丙二醇、尿素等。

（2）封闭性保湿剂

封闭性保湿剂是一种不溶性的脂类物质，它在皮肤表面会形成一层疏水性的"油膜"，阻止或延迟水分的蒸发流失。该类保湿剂常见的有矿物油、凡士林、羊毛脂、牛油果油等。

（3）润肤性保湿剂

润肤性保湿剂通常是油性物质，涂抹后能填充在干燥的角质细胞的缝隙中，使皮肤表面更加光滑。由于这类物质的延展性好，可以使产品更易于涂抹，增加使用时的感官性能。该类保湿剂常用的有二异丙基二油酸、霍霍巴油、蓖麻油等。

（4）仿生类保湿剂

仿生类保湿剂是可渗入表皮甚至真皮内起保湿作用的物质。其中一类可以与皮肤中的游离水结合，使其不易挥发，无论是在高湿度还是在低湿度的周围环境中都能具有相同的高保湿性。这类保湿剂常见的有透明质酸、硫酸软骨素、β-葡聚糖等。另外一类则是通过对角质层脂类物质的补充，把缝隙填满，强化屏障功能来减少水分流失。该类保湿剂常见的有神经酰胺、角鲨烯、磷脂、胆固醇等。

2）根据来源不同分类

根据来源不同，分为天然保湿剂和合成保湿剂。

（1）天然保湿剂

天然保湿剂存在于人、动物、植物中。一般来说，天然保湿剂被我们认为是现成的、安全的、温和的。

①人体来源的保湿剂：包括汗液和皮脂。我们排出的汗液含有乳酸、尿素、钠、钾等保湿因子，对正常的皮肤水合起重要作用。汗液适当增加时能保持皮肤的水润，汗液明显减少时可出现皮肤干燥、瘙痒不适。我们分泌的皮脂也是角质层皮肤屏障的一部分，它与角质细胞、天然保湿因子、细胞间脂质共同维持皮肤屏障稳态。如果皮脂减少、角质细胞间隙增大、水分流失增加，皮肤自然就呈现出干燥、脱屑的状态。

②陆生植物来源的天然保湿剂：顾名思义，这类保湿剂包含很多天然植物油，如橄榄油、椰子油、坚果油等。它们有两方面的锁水作用，一方面利用亲水性来加强表皮细胞的水合作用，另一方面运用疏水性来增加封闭作用减少水分丢失。但是，并非越油越好，天然油中各类脂肪酸的配比才是关键，只有适当的比例才能协助维持皮肤屏障结构的完整性，有助于皮肤屏障的修复。同时天然油也被证实具有抗炎、止痒及抗菌的功效。

③陆生动物来源的天然保湿剂：蜂蜜是一种不错的动物来源保湿剂，尤其是无刺蜂的蜂蜜。蜂蜜化学结构中的羟基是其保湿的基础。蜂蜜的基本成分包括糖、蛋白质、乳酸，都具有保湿的作用。其中还含有B族维生素、维生素E、维生素K，常量元素钾、磷、钙也有助于皮肤保湿。

④海洋生物来源的天然保湿剂：近年来，从海洋生物中提取的产物，如聚酮类、生物碱、多肽、蛋白质、脂类、氨基酸等，丰富了天然保湿剂的种类，它们不仅具有保湿的性能，有些还兼备抗氧化、抗衰老、抗微生物等功能，在化妆品原料市场上具有巨大的潜力。

（2）合成保湿剂

合成保湿剂是指通过加工而成的非天然的保湿。常见的合成保湿剂有多元醇类、聚多元醇类、羟乙基脲等。多元醇类是应用最广泛的合成保湿剂。它在结构上含有两个及两个以上羟基，一般溶于水，具有沸点高、对极性物质溶解能力强、毒性和挥发性小的特点。其发挥保湿作用的关键在于其分子中含有的多个羟基，一般所含羟基越多，吸湿能力越强。在相对湿度高的环境下对皮肤的保湿效果越好。但是在相对湿度低的环境，如寒冷干燥、多风的情况下，高浓度的多元醇类只能倒吸真皮内的水分，使皮肤看上去更加干燥暗沉。多元醇类除了保湿的功效，还具有一定防冻、防止产品脱水的功能。

除了以上这些传统的保湿剂分类，科学家对于保湿剂的研究从未止步，最近开发的保湿剂含有大麻素、生物活性脂质、微生物组调节剂和抗氧化酶等，不仅可维持保湿功效，还可以发挥额外的生物学效应来改善皮肤状态。

（曹畅）

九、关于皮肤补水的秘密有哪些？

1.皮肤补水的概念

在补水前，我们要了解皮肤的结构，才能明白哪些方法能有效补水。皮肤由表皮、真皮、皮下组织构成，其中表皮层又分为角质层、透明层、颗粒层、棘状层和基底层。表皮层是直接与外界接触的部分，是保持水分的关键。

角质层不仅能防止体内水分的散发，还能从外界环境中吸收水分，一般含水量为15%～25%。如果降至10%以下，皮肤就会干燥发皱，产生裂纹、细屑。透明层和颗粒层构成了一个防水屏障，使水分既不易从体外渗入，也阻止角质层以下的水分向角质层渗透。所以通常所说的补水只是角质层补水，因为有皮肤屏障的保护，水分基本不到达真皮层。

健康的皮肤应该是光洁、滋润、富有弹性的，而这些外观标志与皮肤本身保湿系统的功能有关，保湿系统的功能在于维持皮肤一定的含水量，抵抗由内外因素对皮肤所造成的水分蒸发、干燥甚至脆裂等损害。

2.皮肤的水分到底是从哪儿来的呢？

有两个途径：一是从我们的饮食中摄取水分；二是皮肤具有亲水性，可直接吸收水分。从饮食中摄取是皮肤水分的主要来源，这些水分经人体吸收后进入血液，然后通过血液循环进入真皮层，再从真皮层往上扩散到角质层时，含水量逐渐减少，往往当到达最上层角质层时，含水量会是最少的。所以角质层也正是皮肤中最容易缺水的一部分。另外，皮肤也能从外界吸收一定的水分，水分主要通过角质细胞的胞膜进入体内。但由于有角质层屏障的作用，皮肤从外界直接吸水分的能力非常弱。而且，如果没有及时"锁住"这些水分的话，它们又会迅速地流失。所以外界能做的，也是最有效、最行得通的，其实是利用皮肤的亲水性，保持住皮肤的水润度，也就是俗称的保湿。皮肤含水量充足，则皮肤水润饱满，尤其是角质层的含水量会直接影响皮肤的状态，只有了解影响皮肤含水量的主要因素，才能有目的地从这些方面入手，确保角质层有适宜的含水量，使皮肤处于水润剔透的理想状态。

3.影响皮肤含水量的因素主要有哪些呢？

在常见情况下，脸上脱屑、起皮并不是多么严重的皮肤问题，它主要是由面部内部缺少水分而引起的。正常的皮肤角质层含水量在20%左右，越往皮肤底层，含水量越高。当含水量＜10%，就会感到皮肤干燥、紧绷，出现龟裂和脱皮。影响皮肤缺水的因素有以下几方面：

1）年龄

婴幼儿皮肤的含水量最高，皮肤看起来非常水润、饱满、光滑，儿童到青少年时期，人群角质层的含水量也明显高于成年人，而中青年人角质层的含水量又高于老年人。因此，从婴幼儿到老年人，皮肤老化的过程伴随着皮肤水分的丢失、减少。

2）环境和季节

生活环境的空气干湿度对角质层含水量也有重要影响。当人体皮肤暴露在空气相对湿度低于30%的环境中30分钟后，角质层含水量就会明显减少。干燥环境可抑制角质层中天然保湿因子的合成，降低角质层的屏障功能，使角质层含水量降低。另外，冬季气候干燥，皮肤容易处于干燥缺水状态，而夏季气候潮湿，皮肤含水量往往比较充足。

3）生活习惯和精神压力

经常进行热水浴、使用强效的洁肤产品或肥皂都容易破坏皮肤表面正常的皮脂膜，影响皮肤的屏障功能，加重皮肤干燥。正确的饮水习惯也是保持皮肤适宜含水量的重要因素。另外，有研究表明，精神压力过大会延缓角质层细胞间隙中脂质的合成，导致角质层屏障功能降低，经皮失水量增加，加重皮肤干燥。

4）物理性和化学性损伤

物理性的反复摩擦会破坏角质层的完整性，如在使用磨砂膏祛除面部角质时，由于其中含有微小粒状摩擦剂，若在使用过程中摩擦力度过大或时间过长，包括使用磨砂膏过于频繁等，都有可能导致角质层受损，使皮肤的经皮失水量增加，导致皮肤干燥，尤其是干性皮肤和敏感性皮肤的人，使用磨砂膏更应谨慎。另外，在去角质的产品中还有一类是通过化学作用实现去角质目的的，如通过添加果酸类产品，适量的果酸能软化角质层，剥离人体皮肤过厚的角质，促进皮肤新陈代谢，但过量的果酸会对皮肤产生较强的刺激性，降低角质层的屏障功能，使皮肤失水量增加。

5）疾病和药物

一些疾病如维生素缺乏、蛋白质缺乏及某些皮肤病（特应性皮炎、湿疹、银屑病、鱼鳞病）、内科疾病（糖尿病）等，患者均会因皮肤屏障功能的缺陷而出现皮肤干燥。同时，局部外用某些药物也会影响皮肤的屏障功能，使皮肤含水量降低。

4.补水常见的误区有哪些?

误区一：补水就是保湿

补水和保湿不是同一概念。补水是提高角质细胞含水量，直接补充皮肤角质层所需的水分，从而改善皮肤细胞的微循环，使皮肤变得滋润。而保湿则是锁住皮肤的水分，防止皮肤水分流失，无法从根本上解决皮肤缺水问题。所以，对待干燥皮肤我们要做的是先补水，再保湿。如化妆水的主要功效是补水，面霜则是起到保湿的作用。

误区二：油性皮肤不需要补水

面部皮肤大量出油，很大一部分原因是皮肤没有达到完美的水油平衡状态。油性皮肤缺水，往往会通过不停地分泌油脂来"锁水"，若油脂分泌过于旺盛，水分的流失也是相当严重的，更需要补水。

误区三：面膜天天敷，每天敷到干

面膜能够迅速补充皮肤水分，在短时间内激发皮肤的最大活力。但是面膜不是用得越多越好，每天敷面膜会造成皮肤负担，反而容易使皮肤变得敏感、脆弱。敷面膜时间通常为20分钟左右，千万别贪心长时间敷，或者敷着面膜直接入睡。敷的时间过长，会使已经干涸的面膜"倒打一耙"——重新反吸收皮肤原有的水分，令皮肤变得干燥。

误区四：夏天不需要补水

夏季皮肤比较油腻，很多女性认为夏季不需要补水，或者只是选用一些喷雾来做基础护理。其实这远远不够，因为随着年龄的增长，皮肤开始老化，锁水功能会逐渐减弱，所以不仅仅在冬天，在夏季补水和保湿也相当重要。

（江雪梅）

十、皮肤屏障修复护理有哪些小妙招？

1. 皮肤屏障受损怎么进行皮肤护理？

1）急性期

清洁：用清水清洁皮肤，千万不要用乙醇刺激皮肤；也不使用柔和、无刺激性、不含去角质成分的洁面乳；避免使用热水清洁皮肤。

冷敷：面部潮红、肿胀时，可以自行在家用6～8层纱布或清洁毛巾浸于冷白开水中，湿透后拧至不滴水为宜，湿敷于面部，每天敷3～4次，每次持续湿敷30分钟左右；如有硼酸，可采用3%硼酸液进行湿敷，方法同冷敷。硼酸液湿敷效果优于冷敷，两者均可以缓解面部红肿（图1-1-9）。

图1-1-9　皮肤屏障受损后的皮肤护理

2）稳定期

清洁：仍采用清水清洁皮肤，水温接近皮肤温度。

合理使用护肤品：建议选用自己近期已用过且温和没有刺激性的功效性护肤品，也可以选择含表皮生长因子的具有保湿修复功效的护肤品。对于皮肤较干燥者，可以适当选用油包水型护肤品。如果的确需要更换护肤品，那么在初次使用护肤品之前，应该先在耳后部涂搽数天，如果没有不良反应，才可以扩大面积使用。

护肤品涂搽方法：少量多次涂搽（将少量保湿乳分部位涂搽于面部，涂搽时轻轻按摩，直至完全吸收，记住要轻涂，不要用力摩擦，并且用相同方法全脸涂搽3次，以保证皮肤达到水润状态）。

3）恢复期

清洁：可用柔和、无刺激性、不含去角质成分的无泡沫型洁面乳，每天不超过1次（最好晚上使用），水温接近皮肤温度。

护肤品的使用与涂搽方法：同稳定期。

2.皮肤屏障受损，在日常生活中还应注意哪些问题?

1）避免局部刺激

避免长期待在空调房间或者频繁进出空调房间，因为这样会刺激毛细血管导致其持续或者反复扩张加重症状；避免在皮肤受损期间使用化妆品；切勿搔抓皮损；不接触过敏性物质，在家里不出门可适当减少戴口罩，避免对口罩中的材质过敏；不去花草树木多、屋尘多或者新装修的房屋等容易引起过敏的地方。

2）避免过度清洁皮肤和使用繁杂的护肤程序

它们不是改善皮肤屏障的有效办法，甚至会加重皮肤受损。但是大家要做好保湿，如果皮肤缺乏水分滋润，可能会出现干燥、脱皮现象。

3）防晒

不管什么季节大家都要做好防晒，因为紫外线会加重皮肤屏障受损，皮肤老化、粗糙，色素斑，晒伤等。面部皮肤屏障受损患者在疾病发作期，建议采用物理防晒，如外出时要戴上宽边遮阳帽或用遮阳伞；在稳定期，可以外用无刺激性的防晒霜（图1-1-10）。

图1-1-10 皮肤屏障受损后的
皮肤护理

4）注意饮食

忌食刺激性食物，如辣椒、洋葱、花椒等；忌食易致敏食物，如鱼、虾、蟹等水产品；忌饮刺激性饮料，如浓茶、咖啡、酒等；少食光敏性食物，如杧果、香菜、芹菜、荠菜、油菜、菠菜、莴苣、荞麦及无花果等。

5）休息

作息规律，不熬夜，增加自身抵抗力。

6）用药

可每天外敷抗过敏保湿修复面膜；如有明显瘙痒又无禁忌证，必要时可配合口服抗组胺类药物，如氯雷他定片或西替利嗪片等。

（王义）

十一、护肤不当的常见原因有哪些？

现在很多患者都存在皮肤又油又干的情况，虽然从皮肤的表面上来看总是爱出油，用手摸一下额头和鼻翼区总是油腻腻的，但脸颊处总是爱起皮，很多人都觉得是天气干燥，皮肤缺水造成的，但这只是其中一种情况，日常生活中的护肤不当是主要原因，很多人都不注意，导致皮肤越来越差。过度清洁皮肤是护肤工作中导致皮肤又油又干的常见原因。过度清洁会让皮肤越来越干燥，角质层越来越薄，皮肤在失去了自我修复的能力后，还会分泌出更多的油，形成恶性循环。过度清洁皮肤一般是以下几种错误的护肤方式导致的：

1.洁面乳清洁力过强

在一般情况下，混合性皮肤最容易呈现又油又干的状态，这类皮肤人群要避免洁面乳的清洁力过强。因为在洁面的过程中，如果洁面乳清洁力太强，就很容易洗掉皮肤表面的油脂，使角质层越来越薄。这类皮肤的人建议使用氨基酸类的洁面乳，可以温和清洁皮肤，在洗脸后脸上会保留一定的水分，慢慢地使水油更加平衡。很多人的面部泛油光，迫不得已选择清洁力更强的洁面乳，虽然确实洗掉了脸部的油光，但是同时也会破坏皮肤表面的保护层，让皮肤更加缺水干燥。还有的患者在沐浴的时候就顺便用香皂把脸洗了，但是皂类偏碱性，清洁力比较强，对皮肤具有一定的刺激性。

2.经常去角质、敷清洁面膜

很多患者都在用去角质、敷清洁面膜的方法祛除皮肤表面的残留污垢，避免角质层堆积。其实对于皮肤状态不稳定的混合性皮肤来说，经常去角质、敷清洁面膜有可能伤害到本身比较不稳定、脆弱的角质层。有的女性患者在使用了速效美白产品之后，角质层变薄，还有红血丝，皮肤吸收能力减弱，皮肤水分容易流失，总是会感觉皮肤比较干燥，在使用护肤品时也会产生刺痛的现象。

这类又油又干的混合性皮肤，其实只要做好日常的面部清洁和补水工作，慢慢地皮肤就可以恢复到一个健康的状态。相对而言，只有"大油皮"或者长期化妆的人才更适合去角质和敷清洁面膜。

3.过度护肤，使用含激素类产品

过度护肤会让皮肤的自我锁水能力减弱，涂的护肤品很多，挥发得却很快，逐渐使皮肤屏障受损。激素依赖性皮炎也是外用速效类护肤品所致。一次又一次地护理，但是皮肤却越来越脆弱，越来越敏感，在使用化妆品、保养品后竟然出现过敏的现象，严重的后果是导致激素脸、激素依赖性皮炎。

（李隆飞）

十二、如何正确清洁皮肤？

由于皮肤长期暴露在外，大气中的灰尘、各种微生物等不断地与皮肤接触，再加上皮肤本身不断地分泌皮脂、汗液和脱落表皮细胞，如果这些污垢堆积在皮肤表面，不及时清洁，不仅显得皮肤脏乱，而且容易堵塞毛孔，影响皮脂和汗液的排出，对皮肤的健康造成影响，影响美观。因此，皮肤清洁显得尤其重要。那么正确的清洁皮肤的方法有哪些呢，我们总结如下：

1）洗脸方法

一般面部清洗的水温选择在32摄氏度左右，每天早晚各清洗1次即可。同时可以选用温和的洁面乳清洁皮肤，特别是在化妆后，需要用正规的卸妆产品清洁面部。洁面后可以选择一些正规厂家生产的有保湿功效的护肤品进行护肤。注意过冷的水会使毛孔收缩，不利于彻底去掉污垢；过热的水会过度去脂，破坏皮脂膜。油性皮肤可交替使用热水和冷水，热水有助于溶解皮脂，冷水可避免毛孔扩张。在正常情况下，提倡用清水洁面。处在天气炎热、工作和生活环境较差、使用防晒剂或粉质、油脂类化妆品或其他特殊情况下，才需要使用洁面产品。洁面乳是最常用的类别，每次用量1～2克（黄豆至蚕豆大小），以面部T区为重点，用手指轻轻画圈涂抹后，用吸有清水的毛巾擦洗。洁面后喷润（爽）肤水或搽保湿乳等，以恢复皮脂膜，维护正常的pH值（图1-1-11）。

时长：2分钟

水温：32摄氏度

pH值：5.5~7.0

护肤：3分钟

图1-1-11　一次健康的洗脸

2）沐浴方法

应根据体力活动强度、是否出汗和个人习惯适当地调整。一般情况下每隔2～3天沐浴1次，炎热的夏季或喜爱运动者可以每天沐浴。沐浴的水温不宜太高，以皮肤体温为准，夏季可低于体温，冬天略高于体温。沐浴时间控制在10分钟左右，也不要长时间泡在过热的水中。如每天沐浴，每次控制在5～10分钟即可。沐浴间隔时间长者可适当放宽沐浴时间。以清洁皮肤为目的，采用流动的水淋浴为佳（图1-1-12）。以放松或治疗为目的推荐盆浴。一般先行淋浴，去掉污垢后再进入浴缸浸泡全身。沐浴时用手或柔软的棉质毛巾轻轻擦洗皮肤，避免用力搓揉或用粗糙的毛巾、尼龙球过度搓背。沐浴禁忌：忌空腹、饱食、酒后沐浴，忌较长时间体力或脑力活动后马上沐浴。因为上述情况可能造成大脑供血不足，

图1-1-12　沐浴方法

严重时还可引发低血糖，导致晕倒等意外发生。

3）洗发方法

头皮与毛发清洁：清洁的频率因人而异，以头发不油腻、不干燥为度。洗发的水温略高于体温，以不超过40摄氏度为宜。洗发的时间为5～7分钟。洗发、护发程序：头发用水浸湿后，先将洗发水涂抹于头发上，搓揉约1分钟，用清水冲洗干净。为了

中和洗发水过高的pH值，减少毛发间的静电引力导致的打结，使头发顺滑，可用护发素将头发再洗1遍。使用护发素时注意不要接触头皮。不宜直接将洗发水涂在干的头发上按摩头皮，这样会促进洗发水中的各种原料渗透入皮肤，长期这样做会造成头皮伤害。根据毛发情况和个人喜好，可以不定期地使用护发素等其他护发产品（图1-1-13）。

图1-1-13　洗头方法

4）手部清洁方法

沾染于双手的物质为无机物如尘土，用清水冲洗即可。接触到有机物或油腻的污垢，需使用洗手液、香皂等清洁产品。不主张使用含抗生素、杀菌剂的产品。仅在可能接触到病原微生物或医院无菌操作时才需使用含有消毒、杀菌功效的洗手液。洗手以流动的水为宜，手心、手背、指缝、指尖和手腕都需清洁到位（图1-1-14）。洗手后可适当使用润手霜护理皮肤。

5）足部清洁方法

双足汗腺丰富，又处于封闭状态，利于微生物滋生。从清洁和保健的角度，在每晚睡前都应该清洁双足。水温以皮肤舒适为度，时间3~5分钟即可。如以保健或解乏为目的，水温可为40~41摄氏度，时间可延长到20分钟。需注意水温过高或浸泡时

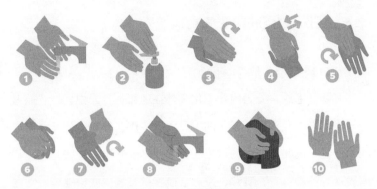

图1-1-14　手部清洁方法

间过长均可破坏皮肤屏障，扩张足部血管，长期这样做可导致静脉曲张，甚至出现湿疹性皮炎等。足跖皮肤无皮脂腺，汗液分泌旺盛，通常用清水清洁即可。在干燥寒冷的季节或对于皮肤干燥的老年人，洗脚后需涂搽含油脂丰富的保湿乳。如有脚臭可用有抑菌作用的香皂。如有角化过度可用含水杨酸、尿素等促进角质软化或剥脱成分的产品。

6）会阴部清洁方法

会阴部皮肤透气度差，是人体排泄和生殖道开口处，需每天常规清洁。此处皮肤薄嫩，一般情况用水清洗即可。如有特殊污物，可选用温和、无刺激的清洁产品。

（袁晓慧）

十三、日晒对皮肤的影响有哪些？

1. 日晒为什么会对皮肤有影响？

皮肤衰老通常分为内在老化和外在老化，日光中紫外线照射是环境因素中导致皮肤老化的主要因素，皮肤外在老化又称为皮肤光老化。皮肤光老化的进程从出生就已经开始。皮肤光老化临床表现为色素沉着、皱纹、斑点、血管扩张和皮肤松弛等，常在30岁之前就已经出现，皮肤光老化不仅会引起皮肤衰老，影响容貌，而且与临床上许多皮肤病密切相关，如光线性角化病、光线性弹力纤维病、日光性雀斑样痣甚至可进一步发展成皮肤肿瘤，包括鳞状细胞癌、基底细胞癌等。

日光导致了皮肤光老化，而日光中的紫外线是元凶。因紫外线波长不同，将其分为UVA、UVB、UVC（短波紫外线）等。

①UVA：在任何地区全年都存在，它不仅可以穿透玻璃，而且80%可穿透真皮。在阴天、雨/雪天，UVA依然可以穿透云层，长驱直入。UVA凭借波长比较长、穿透能力强的本领，可以穿透皮肤表层，深入真皮以下组织，破坏胶原蛋白、弹力纤维等皮肤内部的微细结构，产生皱纹，令皮肤松弛衰老。

②UVB：可被普通玻璃所阻挡，主要被表皮吸收。UVB可以使皮肤在短时间内晒伤、晒红（对一般人来说是25分钟左右）。

③UVC：可被皮肤角质层吸收。但是在穿越大气层时，

UVC几乎被臭氧层完全吸收、散射掉了，所以对我们皮肤的影响很小。

2. 日光对皮肤损害的表现有哪些?

1）日光对皮肤的毒性作用

①急性光毒反应：经过暴晒后，暴露的皮肤出现鲜红斑、水肿，有的还会起疱、脱屑。常在暴晒后数分钟到6小时出现，经数小时至数天达到高峰。

②光变态反应：如植物日光性皮炎。有些人在服用一些含有光敏性物质的食物（泥螺、竹虱、灰菜、小白菜、萝卜叶、菠菜、莴苣、木耳等）或药物（磺胺、四环素、氯喹等），经日照后出现皮肤红肿、风团或丘疹、水疱等，导致的皮炎有多形性日光疹、日光性湿疹、慢性光线性皮炎等。

2）皮肤光老化

多年来，人们总认为接受日光照射对人体健康是有益的，而忽视日光照射过程中紫外线照射引起的皮肤老化。由于紫外线照射引起弹力纤维变性、胶原纤维大量减少、基质消失，表现为皮肤皱纹、毛孔粗大、色素斑、皮肤毛细血管扩张等。

3）因日光加重的皮肤病

紫外线照射是色素斑形成或加深的重要原因。当皮肤接受过多日光照射时，人体皮肤为了保护自身不受日光中紫外线的刺激而形成黑色素，黑色素逐渐增多到一定量后就会形成色素斑。

常见的色素性皮肤病，如黄褐斑、雀斑等会因日晒而加重。老年斑是最常见的面部色素斑，其最重要的致病因素就是紫外线，甚至可以说，老年斑是长期紫外线照射的结果。所以严格防晒是预防老年斑的重中之重。其余疾病如皮脂溢出性皮肤病（如脂溢性皮炎）、免疫性疾病（如系统性红斑狼疮、皮肌炎）等，也会因为紫外线的照射而加重。

4）日光致癌

皮肤癌在世界各国发病率不一，白色人种的发病率居较高水平。随着人类寿命的延长、臭氧层破坏的加重，加上户外活动的增多，近年来皮肤癌的发病率快速上升。当皮肤长期暴露于紫外线下，UVB可通过直接损伤DNA、氧化应激及免疫抑制3种方式引起皮肤细胞损伤，可诱发光线性角化病，进一步可发展为鳞状细胞癌或者基底细胞癌。

皮肤癌是可以预防的，远离皮肤癌从减少紫外线照射开始，不宜在烈日当空时进行户外活动，防止长时间日光暴晒，远离盛夏骄阳似火、烈日如炽的"毒日头"。

5）皮肤光免疫抑制

在皮肤暴晒部位，容易感染人乳头瘤病毒（HPV），出现尖锐湿疣、扁平疣等问题。

专家总结

紫外线与皮肤健康关系非常密切，在日常皮肤防护中，尤其在紫外线最强烈的夏季，一定要加强对UVA及UVB两种波段紫外线的全面防御，才能有效地预防和减轻皮肤的光照损伤。严格防晒、有效使用防晒霜，能尽量减少紫外线等外在环境因素对我们皮肤的损伤。因此，也希望爱美者们能多了解一些这方面的知识，选到合适的保养方法，最大限度地减少紫外线所导致的皮肤损伤。

（罗娟）

十四、物理防晒和化学防晒有什么不同？

随着人们对皮肤健康的重视以及对美的不断追求，越来越多的人认识到了防晒的重要性，防晒霜几乎成了爱美者们人手必入的单品，甚至他们为不同的季节、不同的场合、不同的使用部位配备了不同的防晒霜。然而，防晒产品"千千万"，在如今信息大爆炸的时代，在各类广告以及"网红主播"的推荐下，你是不是眼花缭乱了？不要急，下面，我们就来深度了解一下关于防晒霜的那些事儿！

我们日常所使用到的防晒产品，按照作用机制的不同，可分为物理防晒剂和化学防晒剂。

1.什么是物理防晒剂呢?

物理防晒剂的主要成分有氧化锌、二氧化钛、滑石、碳酸钙、氧化镁等,这些物质通过对紫外线的阻挡、反射或散射来达到防晒的目的,好似给我们的皮肤穿上了一件"量身定做"的防晒衣,可有效地预防UVA和UVB损伤。

物理防晒剂由于成分安全,非常适合儿童及成年人敏感性皮肤、有斑的皮肤。与需要20~30分钟才能让皮肤吸收的化学防晒剂相比,物理防晒剂可提供即时的保护,无须等待,而且可以叠涂在其他护肤品或化妆品上。不过,物理防晒剂一般质地比较稠密,不易被均匀涂抹,且涂抹效果略显厚重,容易诱发痤疮,看起来像是在皮肤的表面覆盖了一层白色薄膜,不太自然。

2.什么是化学防晒剂呢?

化学防晒剂的主要成分有水杨酸酯类、二苯酮类、肉桂酸酯类等。这些物质被皮肤吸收后,可以与照射到皮肤的紫外线产生化学反应,将紫外线吸收,使其能量衰减,减少了紫外线对皮肤的伤害。化学防晒剂具有质地清爽、肤感好、不泛白、不油腻的优点,但是由于其某些成分会被皮肤吸收,因此可能导致一些皮肤反应,最常见的就是敏感性皮肤的不耐受,出现过敏——皮肤出现小丘疹或者红斑,还可能诱发黄褐斑。

3.我们该选择什么类型的防晒产品呢?

其实物理和化学防晒剂各有千秋。在保持皮肤健康的前提下,为了取得更好的防晒效果,我们在市面上所见到的防晒产品大多同时含有两种类型的防晒剂,根据需求的不同,被制成了霜、喷雾、露等多种剂型。但是,对于敏感性皮肤的成年人或小朋友来说,物理防晒剂刺激性小,更安全,可作为首选。

另外,如果是进行水上活动,一定要选择SPF、PA值较高的脂溶性高的防晒产品,才能够保持长时间的防晒效果。如果处于日照极强的热带海域,还需要用专业的防晒油。

4.如何涂抹防晒霜才是正确的呢?

大量调查发现,绝大多数人涂抹防晒霜的量是其所需标准量的25%~50%,那么这个时候的防晒效果是怎样的呢?以选择SPF值为50的防晒霜为例,如果足量涂抹,大致能阻挡98%的UVB,但假若只涂抹了足量的50%,实际的SPF值会从50骤降到7.1,只能阻挡约85%的UVB,不过,涂抹了还是比不涂抹更好。但是,当我们没有足量涂抹防晒霜的时候,SPF值会大大下降,防护效果会大打折扣,这时仍然会有大量的紫外线穿透皮肤,引起晒黑、晒伤,甚至增加皮肤肿瘤的患病风险。

专家总结

　　为了发挥各类防晒产品的最佳效果，建议提前20~30分钟使用。在使用剂量上，建议面部1次涂抹约1枚硬币大小的量，全身涂抹则需要大约30毫升的防晒霜。如果长时间停留在户外，尤其是在进行大强度的运动时，根据防晒产品的不同SPF、PA值定时补涂。

（唐丽娜）

十五、被烈日暴晒后，我该怎么办？

　　每逢盛夏，烈日炎炎，不少朋友因为长时间暴露在高强度的紫外线下，局部皮肤出现了红斑、水肿、水疱等一系列反应，那么，这很可能是晒伤了！

　　1.什么是晒伤？

　　晒伤，又称日光性皮炎，是由于日光中的UVB过度照射后，引起人体局部皮肤发生的急性光毒反应。

　　2.哪些人容易发生晒伤？

　　妇女、儿童、滑雪者、水面作业者以及肤色白皙的人，会更容易被晒伤。此外，患有一些免疫性疾病如系统性红斑狼疮、皮肌炎、玫瑰痤疮等，或正在口服米诺环素、多西环素、异维A酸以及噻嗪类药物的人，皮肤对日光也更加敏感。

3.晒伤有哪些表现?

在受到高强度日照后的4~6小时，局部皮肤会开始变红、发烫，出现边界清楚的红斑，并伴有刺痛感，严重者还可能出现水疱、破裂、糜烂；3~4天红斑处颜色加深，出现局部的色素沉着，继而出现脱皮的现象。

4.晒伤了该怎么办?

1）应急处理

晒后的4~6小时是皮肤急救的黄金时间。我们应尽快回到室内，进行局部的冷敷。可将冰冻矿泉水或冰袋，用纱布或一次性洁面巾包裹后，在患处来回移动式冷敷，每次20分钟，每天数次。也可选择干净的毛巾或纱布浸透冰牛奶或冰的生理盐水，冷湿敷于晒伤的部位5~10分钟，每天数次，可以使晒伤的皮肤得到舒缓，减轻红、肿、热、痛等症状。

2）日常护理

晒伤后皮肤屏障被破坏，导致皮肤极易失水，处于炎症敏感期，此时我们应选择不含香精、成分单一的保湿乳，还应增加饮水量，为机体补充水分。

3）出现脱皮怎么办?

在皮肤的自我修复过程中，新生的表皮会逐渐替代原来受损的表皮，从而出现脱皮的现象。此时我们注意不要强行撕去这些正在脱落的痂皮，因为它们对新生组织有很好的保护作用。在此期间，我们只需正常涂抹一些不含乙醇等刺激性成分的乳液即可。

如果在晒伤后出现了上述症状，且通过以上处理无法缓解，甚至在第二天出现了发热、头痛、心悸、乏力、恶心、呕吐甚至休克等全身症状，应尽快就医。

5.如何预防晒伤？

①适当增加户外活动的频率，逐步提高皮肤对日晒的耐受力。

②10：00—14：00日照最为强烈，户外活动应尽量避开此时间段。

③在日照强烈的时间段进行户外活动时，请加强防护，选择合适的遮光护具，例如遮阳伞、宽边遮阳帽、防晒衣，或正确涂抹防晒霜。

（唐丽娜）

十六、皮肤老化有什么表现，怎样预防呢？

出生伊始，人的一生都将经历衰老的过程。从镜子里发现第一道细纹起，我们便开始了皮肤抗衰老的长征之路。

1.皮肤老化有什么表现？

在老化的皮肤中，角质层中的天然保湿因子和脂质的含量降低，皮脂腺及汗腺减少，成纤维细胞的衰老导致胶原蛋白生成减少，真皮厚度降低，细胞外基质减少。皮肤老化最明显的变化为出现皱纹、松弛和色素改变。其他表现还有皮肤纹理粗糙，皮肤萎缩，皮肤弹性下降，皮下脂肪丢失，皮肤干燥、瘙痒，出汗及油脂分泌功能减退、指甲变薄、毛细血管扩张和老年皮肤病。老化皮肤的体温调节功能受损，汗液和皮脂生成减少，因此会觉得皮肤日益干燥，并伴有瘙痒感，更容易出现怕冷或者中暑情况。老化的皮肤更容易出现老年皮肤病，例如老年性皮肤干燥症、老年性皮肤瘙痒症、萎缩性龟头炎/外阴炎、病毒性皮肤病等。另外，老化的皮肤会更容易出现晒斑、老年斑、老年性血管瘤等，部分老化皮肤出现癌前病变的概率也会增加。年轻皮肤和老化皮肤示意图见图1-1-15。

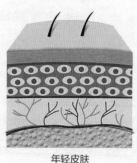

年轻皮肤　　　　　　　　　老化皮肤

图1-1-15　年轻皮肤和老化皮肤示意图

2.如何预防皮肤老化?

预防皮肤老化除了保持健康的生活方式外，最重要的抗衰老秘诀就是防晒。研究发现，皮肤老化的罪魁祸首就是日光中的紫外线，大量日晒会导致氧自由基的产生，导致衰老和产生皱纹。常见的措施包括：佩戴宽边遮阳帽、遮阳镜、防晒口罩及穿着防晒衣，使用具有防晒遮光涂层的太阳伞，使用防晒霜（最好每隔2小时重新涂抹1次）等。

除了防晒以外，抗氧化也很重要，抗氧化本质是抗氧自由基，真皮中氧自由基增加了透明质酸的消耗，过量氧自由基对细胞外基质成分、蛋白质、核酸等具有破坏作用，造成真皮中胶原蛋白及弹性蛋白破坏，皮下脂肪减少，皮肤松弛下垂并出现皱纹。

抗衰老护肤品的主要功效是抑制氧自由基导致的过氧化物的生成并补充必要的细胞骨架成分，帮助皮肤改善紫外线或雾霾导致的皱纹、色素斑或肤色暗沉。市场上的抗衰老类化妆品有水剂、精华、乳液、膏霜、凝胶、面膜等多种形式，可根据皮肤实际情况进行选择。

另外，做好保湿及合理饮食，少吃高油、高糖食物，适当食用富含维生素C、维生素E及花青素等抗氧化成分的食物，也能帮助延缓衰老。保持乐观情绪，避免吸烟及饮酒过量，避免皱眉、斜视等面部表情。充足的睡眠及正确的睡姿对皮肤有很大的好处，每晚10点至次日凌晨4点细胞代谢加快，是皮肤细胞自我修复的黄金时期。总而言之，对皮肤老化的预防管理应从生活环境、生理节律、饮食结构及护肤方式等多维度优化调整。

（王思宇）

十七、功效性护肤品是什么？

1.功效性护肤品这个概念是怎么来的？

1984年美国皮肤病学之父Albert Kligman提出了"药妆品（cosmeceuticals）"的概念。20世纪90年代，这个概念随着国外药妆品进入中国市场，被国内皮肤科医生所接受。但由于其字面上的意思易误导消费者，有国内学者将其更名为"医学护肤品（dermocosmetics）"。2019年，为了规范市场，国家药品监督管理局发布的《化妆品监督管理常见问题解答（一）》否定了以上两种命名。2020年，国务院发布的《化妆品监督管理条例》将化妆品分为"特殊化妆品和普通化妆品"，规定"宣称新功效的

化妆品为特殊化妆品",且"化妆品的功效宣称应当有充分的
科学依据"。随即我国专家提出了"功效性护肤品"（functional
cosmetics）的概念。

2.功效性护肤品与普通化妆品有区别吗?

功效性护肤品属于化妆品的范畴，是在保证其安全性的基
础上，通过实验或临床验证，具有一定功效的护肤品。由于对功
效性护肤品的认定有严格的科学要求，需通过实验室试验、人体
功效评价试验、消费者使用测试等评价安全有效作为强有力的支
撑，所以功效性护肤品的安全性、科学性、有效性较普通化妆品
更高。

3.功效性护肤品是怎么分类的?

根据《化妆品分类规则和分类目录》，化妆品按照功效宣称
分为26类（表1-1-3）。

表1-1-3　功效宣称分类目录

序号	功效类别	释义说明和宣称指引
01	染发	以改变头发颜色为目的，使用后及时清洗不能恢复头发原有颜色

续表

序号	功效类别	释义说明和宣称指引
02	烫发	用于改变头发弯曲度（弯曲或拉直），并维持相对稳定 注：清洗后即恢复头发原有形态的产品，不属于此类
03	祛斑美白	有助于减轻或减缓皮肤色素沉着，达到皮肤美白增白效果；通过物理遮盖形式达到皮肤美白增白效果 注：含改善因色素沉积导致痘印的产品
04	防晒	用于保护皮肤、口唇免受特定紫外线所带来的损伤 注：婴幼儿和儿童的防晒化妆品作用部位仅限皮肤
05	防脱发	有助于改善或减少头发脱落 注：调节激素影响的产品和促进生发作用的产品，不属于化妆品
06	祛痘	有助于减少或减缓粉刺（含黑头或白头）的发生；有助于粉刺发生后皮肤的恢复 注：调节激素影响的、杀（抗、抑）菌和消炎的产品，不属于化妆品
07	滋养	有助于为施用部位提供滋养作用 注：通过其他功效间接达到滋养作用的产品，不属于此类

续表

序号	功效类别	释义说明和宣称指引
08	修护	有助于维护施用部位保持正常状态 注：用于疤痕（也称瘢痕）、烫伤、烧伤、破损等损伤部位的产品，不属于化妆品
09	清洁	用于除去施用部位表面的污垢及附着物
10	卸妆	用于除去施用部位的彩妆等其他化妆品
11	保湿	用于补充或增强施用部位水分、油脂等成分含量；有助于保持施用部位水分含量或减少水分流失
12	美容修饰	用于暂时改变施用部位外观状态，达到美化、修饰等作用，清洁卸妆后可恢复原状 注：人造指甲或固体装饰物类等产品（如假睫毛等），不属于化妆品
13	芳香	具有芳香成分，有助于修饰体味，可增加香味
14	除臭	有助于减轻或遮盖体臭 注：单纯通过抑制微生物生长达到除臭目的产品，不属于化妆品
15	抗皱	有助于减缓皮肤皱纹产生或使皱纹变得不明显
16	紧致	有助于保持皮肤的紧实度、弹性

续表

序号	功效类别	释义说明和宣称指引
17	舒缓	有助于改善皮肤刺激等状态
18	控油	有助于减缓施用部位皮脂分泌和沉积，或使施用部位出油现象不明显
19	去角质	有助于促进皮肤角质的脱落或促进角质更新
20	爽身	有助于保持皮肤干爽或增强皮肤清凉感 注：针对病理性多汗的产品，不属于化妆品
21	护发	有助于改善头发、胡须的梳理性，防止静电，保持或增强毛发的光泽
22	防断发	有助于改善或减少头发断裂、分叉；有助于保持或增强头发韧性
23	去屑	有助于减缓头屑的产生；有助于减少附着于头皮、头发的头屑
24	发色护理	有助于在染发前后保持头发颜色的稳定 注：为改变头发颜色的产品，不属于此类
25	脱毛	用于减少或除去体毛
26	辅助剃须剃毛	用于软化、膨胀须发，有助于剃须剃毛时皮肤润滑 注：剃须剃毛工具不属于化妆品

其中，我们皮肤科医生最关注的是清洁、保湿、祛斑美白、抗皱、紧致、舒缓、祛痘、控油、防晒、防脱发等功效性护肤品的合理应用，希望为前来门诊就诊的患者或求美者提供更加科学、合理、有效的护肤品指导，达到修复皮肤屏障、淡化色素斑、抗衰老、祛痘等美化皮肤的目的。

4.功效性护肤品适合哪些人呢？

功效性护肤品是只能给有皮肤病的患者使用吗？答案是否定的。除了皮肤科常见的寻常痤疮、玫瑰痤疮、黄褐斑、特应性皮炎、银屑病、湿疹等皮肤屏障受损相关的疾病患者，还有皮肤呈亚健康状态，如敏感性皮肤、皮肤油腻、毛孔粗大、皮肤干燥、肤色暗沉等的人，或者是光电治疗后的患者，都可以通过使用功效性护肤品来改善皮肤状态，起到治疗和养护的作用。没有皮肤问题的普通人也可以使用功效性护肤品，如具有抗衰老功效的产品，可以延缓皮肤衰老进程，保持更加年轻的状态。

（曹畅）

第二章
特殊时期、特殊人群的皮肤护理

一、女性特殊时期有哪些皮肤问题？

1.月经期：让人烦恼的"姨妈痘"

你是不是也曾有这样的烦恼：每个月准时报到的，除了"姨妈"（月经），还有"姨妈痘"（痤疮）？

不少日常皮肤状态还不错的女性，每逢月经期，脸上总是会出现几颗不受待见的"小可爱"。而对于那些本来就常年"战痘"的女性，"姨妈痘"则更加不友好了。那么，为什么痘痘总是出现在月经期前后呢？

痘痘的发生，往往与体内雄激素的分泌水平有关。雄激素的分泌水平会随月经周期发生周期性变化：从排卵期到月经期的前半段，体内雄激素的含量或雄激素与雌激素的比例会相对升高，使得皮脂腺的活跃程度增加，分泌出更多的皮脂，毛孔也比平时看起来更加粗大，因此在这段时间里，我们会感觉到皮肤变得格外油腻。但此时我们的皮脂腺导管却处于一个月中管径最小的时期，皮脂分泌容易受阻，诱发口周的痘痘。此外，月经期前失眠、紧张、作息和饮食不规律，也可能诱发痘痘或加重原有的痘痘。

所以，月经期的护肤建议是：月经期前一周，可使用具有控油功效的、温和的洁面产品或含有少量水杨酸成分的产品，注重皮肤的清洁，尤其是在皮脂分泌旺盛的T区，但应避免使用清洁能力过强的碱性洗剂以减少对皮肤屏障的破坏。如果是混合性皮肤，尤其要注意分区护理，面中部选择清透的控油保湿乳，双侧脸颊易干燥的部位可选择相对滋润的护肤品，在此期间还可选择具有保湿补水的面膜搭配使用。此外，规律作息、适量运动、清淡均衡的饮食，也能够帮助我们顺利地度过这段时期。

一般说来，"姨妈痘"会随着月经期的结束而消退，因此无须焦虑，更不必"过分收拾"这暂时状态不佳的皮肤，照科学的护肤方法合理应对即可。当然，如果炎性痘痘数量过多或长痘的区域面积过大，应及时到医院皮肤科或妇产科寻求治疗方案。

2.孕期常见的皮肤问题

十月怀胎总是让人充满期待，但随着孕周的增加，许多细心的准妈妈一定关注到自己的皮肤发生了一些变化，例如出现了皮肤颜色加深、妊娠纹等现象，如果孕期正值盛夏，还有可能被让人瘙痒难耐的痱子所困扰。

1）为什么孕期会出现这些问题呢？

进入孕期后，人体内的孕激素、雌激素以及促黑素的分泌都会增多，促使黑素细胞产生的黑色素增加，所以我们会明显察觉到皮肤的颜色比以前更深了，尤其是在颈部、腋下、乳晕及外阴部位。

在孕中期，很多准妈妈们发现随着腹部的膨出，妊娠纹还是"防不胜防"地出现了，大约有90%的孕妇可发生妊娠纹，部分孕妇感觉瘙痒，这主要与激素水平、遗传易感性增加、腹部膨出有关。妊娠纹一旦出现，便难以逆转，因此重在预防。

孕期由于皮下脂肪增厚，皮脂腺与汗腺分泌更加旺盛，如果汗液过多或排泄不畅，就容易长痱子，瘙痒感明显。

2）孕期护肤建议

孕期依然需要我们精心地护理全身的皮肤，选择安全温和的护肤品来保持皮肤的清洁与水润尤为重要。尽量不要使用一些带有祛痘、美白功能的护肤品，其中可能会含有一些维A酸类衍生物或重金属盐类的成分，导致胎儿畸形或影响胎儿的脑部发育。对于暂时变黑的皮肤，会随着小生命的降临而逐渐恢复到从前的状态，所以可以不必干预。户外活动时，建议选择物理防晒剂，或配合防晒衣、遮阳伞、遮阳镜等防晒护具来抵御过多紫外线对皮肤造成的伤害。

如果平日里有使用精油的习惯，建议在此期间尽量避免使用。因为精油的成分比较复杂，且分子量普遍偏小，容易穿透皮肤的角质层被人体吸收。另外，颜色艳丽的唇部产品（唇彩、唇釉或唇膏等）、指甲油或甲油胶，在此期间也尽量不要使用，待小生命顺利降临并度过哺乳期，再重新打扮起来吧！

3.拿什么拯救你，我的妊娠纹

妊娠纹是大多数"妈妈"为了孕育新生命留下的特有的印记。其实，妊娠纹不仅仅只出现在腹部，在乳房、四肢近端、臀部等都可能出现这些弯弯扭扭的"小线段"。

在孕12周左右，逐渐增大的子宫会慢慢从盆腔向腹腔发展，腹部慢慢隆起，在激素水平与体重的双重变化下，腹部皮肤在较短的时间里受到了前所未有的牵拉。到了孕24周左右，部分弹力纤维会因无法承受巨大的拉力而断裂，于是皮肤上就出现了粉色或淡紫色的不规则纹路，这便是妊娠纹了（图1-2-1）。产后，这些纹路的颜色会逐渐消失，最终呈现为白色。

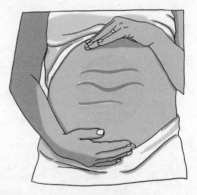

图1-2-1 妊娠纹

妊娠纹一旦发生，只能通过射频、点阵激光等方法稍加淡化，但是无法完全逆转至皮肤最初光滑无痕的状态。因此，预防妊娠纹的发生更为重要。

低龄产妇（年龄<20周岁）、偏高的基础体重指数（BMI，图1-2-2）、孕期体重增加较多较快者、有妊娠纹家族史的孕妇，往往更容易产生妊娠纹。因此，除了避免以上因素外，我们在孕期需要注意科学适量地摄取营养，选择富含蛋白质的食

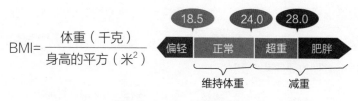

$$BMI= \frac{体重（千克）}{身高的平方（米^2）}$$

图1-2-2　BMI计算及分级

物来增加皮肤的弹性，避免体重的过快增长。体重增长过快，不仅会增加妊娠纹产生的概率，还可能引起妊娠高血压、糖尿病。

尽管目前并没有研究可以证实使用保湿乳或橄榄油等产品可以降低妊娠纹的发生率，但是仍然建议尝试在腹部涂抹一些成分安全、温和、不刺激的护肤品来滋润这部分被牵拉的皮肤。此外，适量运动，例如步行、拉伸训练，不仅可以增加腰腹部的肌肉力量，也可以增加皮肤的弹性，从而减少妊娠纹的发生。

4.哺乳期常见的皮肤问题

哺乳期对于各位新手妈妈的皮肤来说，又是一场巨大的考验。产后体内激素水平再次发生急剧的变化，劳累、不规律作息、焦虑情绪等困扰着许多新妈妈。不少人感到自己的皮肤状态甚至比孕期还差，出现敏感、粗糙、暗黄、干燥、松弛等现象。面对这些皮肤问题，不要因为急于补救而盲目"呵护"我们的皮肤，科学、合理地进行皮肤护理，才能帮助新妈妈保持皮肤健康。

哺乳期新妈妈往往会特别注意护肤品的挑选。其实不必刻意去追求所谓的"纯植物""纯天然""宝妈专用"护肤品，继续使用孕期的护肤品是个不错的选择。事实上，绝大部分护肤品在这个时期也是可以使用的。

在哺乳期，坚持每天做好皮肤的"清洁、保湿、防晒"三部曲，依然是最基础也最有效的皮肤护理措施。新妈妈可以根据自己皮肤的类型，在不同的季节选择合适的护肤品。

在中国都有坐月子的习惯，许多年轻的新妈妈虽然内心不完全认同，但迫于家庭的压力不得不部分遵守，其中最让人纠结的就是究竟能不能沐浴。事实上，产后的第一个月，身体内部及生活内容都在发生变化，新妈妈作息不规律、哺乳等活动，导致皮肤常常分泌大量的汗液和油脂，夏季尤为突出。过多的油脂、汗液长时间停留在表皮，会慢慢形成污垢，堵塞毛孔，还有繁殖细菌的风险。因此，建议在保证身体不着凉的前提下，适时清洁全身的皮肤，并辅以合适的护肤品，更利于皮肤的健康。

在哺乳后期，新妈妈可以逐步过渡使用一些具有特殊功效的护肤品。例如在医生指导下搭配使用精华液或面膜来改善面部的干燥、细纹；选择含有烟酰胺或维生素C的产品来提亮暗沉的肤色；选择含有酸类物质的护肤品来改善痘痘肌等。

（唐丽娜）

二、老年人的皮肤有哪些问题，该怎样护肤？

皮肤状态是公认的反映人类健康水平的一个指标，是维持身体正常生理活动的第一道防线。老年人的皮肤对外界不良刺激的抵抗、防御等功能降低，再生和愈合能力减弱。皮肤的生理性老化通常从中年开始，60岁以后皮肤老化更加明显。

由于年龄的增长、免疫力下降、疲劳、长期睡眠不足、皮脂腺分泌不足、营养吸收障碍导致营养不良等原因，老年人皮肤新陈代谢能力变差，导致角质层堆积，各种皮肤问题就会接踵而至，防不胜防。

总结老年人的皮肤问题，具有四个特点：

①老化：皮肤起皱变薄、干燥松弛、光泽减退、弹性减少、血管脆性增加，易出现淤点、淤斑等。

②增生：额面部等曝光部位易出现皮赘、病毒疣、老年斑、色素斑等。

③迟钝：皮肤的功能降低，皮肤的反应性减退，对外界的刺激敏感，易受损伤，对细菌、病毒、真菌等病原微生物的防御力也削弱。

④敏感：对外界环境的温度、湿度等变化反应过于强烈，如皮肤瘙痒、疼痛等。

关于皮肤衰老机制的研究非常多，先后出现三十多个学说，其中比较有代表性的为糖基化衰老学说、氧自由基衰老学说、基因调控学说、光老化学说、免疫功能退化学说、内分泌功能减退学说等。

那么老年人应该怎么护肤呢？针对老年人的护肤建议如下。

①一定要注意防晒，抵御紫外线对皮肤的光老化损害。

②加强保湿：保持皮肤的湿润可以促进皮肤细胞新陈代谢，保持皮肤的屏障功能，有效抵御外界刺激。

③通过抑制糖基化来解决皮肤色素沉着、老年斑等问题。

④积极促进皮肤中胶原蛋白和弹性蛋白的合成，补充胶原蛋白和弹性蛋白：弹性蛋白的流失是皮肤呈现皱纹的罪魁祸首，使用具有促进胶原蛋白和弹性蛋白合成作用和补充胶原蛋白和弹性蛋白的护肤品可以有效地补充流失的胶原蛋白和弹性蛋白，防止皱纹产生或加粗、加深。

⑤清除过量的氧自由基：通过使用一些具有抗氧化功效的护肤品清除过量的氧自由基，消除氧自由基损伤。

⑥适当补充一些植物雌激素，如补充大豆异黄酮等来提升激素水平。

⑦激活细胞新陈代谢，加速皮肤细胞的自我更新。

⑧戒除不良的生活习惯，避免烟酒刺激，少进食油腻食物及甜食，不要熬夜，保持规律的作息也是延缓衰老的一个重要方法。

（毛翀）

三、婴幼儿有哪些皮肤问题，该怎么护肤？

我们都羡慕甚至梦想着有婴儿一般的皮肤，薄嫩、水润、细腻、富有弹性。而每位宝爸或宝妈都竭力呵护着宝贝们柔嫩的皮肤，希望能为宝贝们遮风挡雨，赶走一切对宝贝有伤害的物质。然而在生活中，很多宝爸宝妈被宝宝的皮肤问题困扰着，因而"如何护理好宝宝的皮肤"是每一位宝爸或宝妈迫切想了解的知识。

由于宝宝的皮肤发育不成熟，免疫系统功能比较弱，不能成为抵抗致病菌的第一道防线，仅靠皮肤表面的一层天然酸性膜来保护皮肤很容易被细菌感染或者发生过敏反应而出现各种各样的皮肤问题，让宝爸宝妈担心、焦虑。下面给大家归纳一些宝宝皮肤常见问题及应对方法。

1.婴幼儿湿疹

婴幼儿湿疹是很常见的小儿皮肤病，有的宝宝生出来就有皮肤湿疹；有的宝宝在吃一些奶或者是一些辅食后出现皮肤湿疹。

湿疹的主要表现是皮肤出现红晕，然后出现丘疹，丘疹破了以后会流出一些黄色透明的黏液，皮肤非常瘙痒。婴幼儿皮肤湿疹其实是以多形态的表现为主，急性、亚急性、慢性湿疹表现不太一样。慢性湿疹可出现苔藓样改变，就是皮肤变得非常地粗糙，而且很厚。

防治婴幼儿湿疹，第一个就是要保湿，皮肤不要太干燥，适当地使用润肤的东西，保证皮肤湿润的状态，不要经常去抓挠皮肤，如果抓破了可能会出现感染。说到保湿，很多新手妈妈极力追求"纯天然""纯植物"的护肤成分。其实，没有所谓"纯天然"的护肤品，植物提取物也不见得就安全，在许多植物中，比如芦荟等，会含有对皮肤有刺激作用的成分，甚至有光敏性成分，即便成年人使用都可能会有接触性刺激反应，更何况婴幼儿。

所以宝爸宝妈要多注意，给宝宝沐浴的时候要注意观察沐浴液对宝宝局部有没有刺激，如果有刺激要尽量选择没有刺激性的沐浴液来给宝宝沐浴，缓解外界的刺激。

2.丘疹性荨麻疹

丘疹性荨麻疹又称虫咬皮炎，是昆虫叮咬后发生的过敏性皮肤病，临床上比较常见。多发生于暴露部位，如头面部、手足，也可发生于腰部、臀部，表现为突然发生的3～10毫米大小的丘疹或丘疱疹，常为圆形或纺锤形，偶呈线状排列，顶端常有小水疱，新旧皮损常同时存在。搔抓或遇热后皮损扩大形成坚实的风团甚至结节、斑块，常有剧烈瘙痒，严重者可影响日常生活，搔抓可引起继发感染，或皮损慢性化演变为结节性痒疹。多见于婴幼儿及儿童，也可见于成年人。有季节性，以春、夏、秋季多见。

该病与昆虫叮咬有关，常见的如跳蚤、虱子、螨、蚊、臭虫、蠓虫、蜂、蜱等，昆虫叮咬时注入皮肤的唾液可能导致人体出现过敏反应。由于昆虫种类不同和机体反应性的差异，可引起叮咬处不同的皮肤反应。

在日常生活中，宝爸宝妈应该让给宝宝保持皮肤清洁、干燥；穿宽松、棉质的衣服，衣着不宜过厚、过暖，以免皮肤温度增高加重痒感。不要用过烫的水或化学清洁剂清洗皮损，过度洗烫虽可短时间缓解瘙痒，但可刺激皮肤，形成慢性皮炎。勤剪指甲、勤洗手，避免过度搔抓，防止引起感染。

3.痱子

痱子又称汗痱、粟疹，是夏天最多见的皮肤急性炎症。主要是在高温闷热环境下，出汗过多、汗液蒸发不畅导致汗管堵塞、汗管破裂，汗液外渗入周围组织而引起。

痱子常见类型如下：

①红痱：为皮肤表面红色小丘疹或丘疱疹，周围有轻度红晕，这种类型痱子比较常见。

②白痱：为针尖至针头大小的透明细小的小水疱，分布密集，通常位置浅表，壁薄，轻擦易破，俗称水晶痱。

③脓痱：红痱如不及时处理，顶端会出现黄色脓头，就转为脓痱。

在日常生活中，宝爸宝妈可以适当调低空调温度，室内温度在26摄氏度左右为宜，室内湿度在60%左右；给宝宝穿宽松、易吸汗的棉质衣服；可以在洗浴时用柔软的毛巾轻轻擦拭皮肤，帮助皮肤适当剥脱角质层，帮助汗管恢复通畅；可以使用液体痱子粉、炉甘石洗剂，保持局部皮肤的干爽、润滑；对于反复发作红痱的宝宝，医生会适当给予弱效激素软膏帮助控制炎症。

宝宝的皮肤太薄嫩，更容易受外界刺激或环境影响。因此，宝宝的皮肤容易出现各种各样的状况，让宝爸宝妈感到焦虑。其实，大家不用盲目信任"纯植物"护肤，摒弃过时的、错误的护肤观念，让宝宝健康成长，是宝爸宝妈必修的一门课程。

（郭晓娟）

四、特殊疾病患者有什么皮肤问题？

我们平时常说的皮肤问题都是脂溢性皮炎、湿疹、银屑病之类的，又或是皮肤干燥、敏感、长斑之类的。下面来说一下一些特殊疾病的皮肤问题及应对办法。

1.肝功能异常、肾功能异常的患者

对于皮肤科医生来说，此类患者最常见的问题就是皮肤瘙痒了。但是两者的原因和机制是不一样的，所以治疗、护理也有差异。

肝功能异常患者的皮肤瘙痒与胆汁淤积相关。胆汁淤积使血液中的胆红素升高沉积于皮下形成胆盐，刺激皮下神经导致皮肤瘙痒。出现皮肤瘙痒可以用以下的方法进行缓解和治疗。当感到皮肤瘙痒难忍时，可用手拍打解痒，忌用力抓挠。白天可以通过

阅读、听音乐等来分散注意力。夜间可以在医生指导下用镇静药物保证休息。也可以用温水沐浴使血管扩张，加速致痒物质的转移，减轻痒感。不能使用肥皂或沐浴液等碱性洗剂。还可以遵医嘱外涂一些止痒药物。

肾功能异常患者的皮肤瘙痒是由于肾脏结构损坏使肾脏的排泄功能（排泄代谢物及水分）及内分泌功能受损，从而导致机体的毒素储留。血液中的尿毒素如肌酐、尿素、尿酸等代谢物不能通过肾脏排泄，从而在体内蓄积引起皮肤瘙痒。首先要放松心情，转移注意力，积极治疗原发病。饮食要避免高磷食物，如动物骨头汤、动物内脏、全麦面包、干豆类、奶粉、乳酪、巧克力等。应多食含钙食物，在饮食中补钙。在餐中服用钙剂可减少磷的吸收，从而减轻瘙痒症状。低蛋白饮食也可减轻一些瘙痒。再者，用温水沐浴，不使用碱性洗剂。用无刺激的润肤品润肤。在冬天，由于寒冷干燥天气的刺激，可使皮肤血管收缩，皮脂腺和汗腺的分泌功能进一步下降，致使原已不多的皮脂和汗液更加减少，使皮肤干燥加重，从而可促使皮肤内分布的神经末梢感受器退变老化，并向大脑皮质感觉中枢发出异样的刺激信号，瘙痒会加重。沐浴后在皮肤上外涂羊毛脂类润肤霜很有效。尽量穿纯棉内衣裤，不要穿化纤内衣裤；及时剪指甲，保持指甲平滑，防止抓破皮肤引起感染。给予患者舒适的温、湿度环境。还可遵医嘱用外用药和口服药物止痒。

2.接受化学治疗的肿瘤患者

在化学治疗（简称化疗）过程中，大多数患者都会关注到白细胞、血小板的变化及出现的恶心、呕吐，但其实还有脱发和皮肤的变化（如皮肤变黑、粗糙、长痘，面部斑点增多、四肢色素沉着，出现荨麻疹、剥脱性皮炎等），困扰着患者。

化疗后皮肤变黑是一种很常见的情况，皮肤表面的黑素细胞会出现一时性增加，皮肤变黑，并且产生黑斑。这种情况可能会对患者的美观造成影响，可以寻求医生的建议，使用一些比较温和无刺激的美白产品。避免紫外线的直接照射，尤其是对紫外线过敏的人要格外注意，外出时做好防晒工作，如戴宽边遮阳帽或撑遮阳伞、穿长袖长裤有助于防紫外线，戴上遮阳镜保护眼睛。也可以使用一些能够帮助抵御紫外线或者美白的食物，比如富含维生素的橙子、柠檬、西红柿等。但是这些方法是治标不治本的。因为是化疗的副作用导致皮肤变黑，所以患者要想从根本上解决皮肤变黑的问题，还是应当要积极配合治疗，待停止用药后肤色会慢慢恢复正常。

化疗时，雌激素的分泌会减少，可能出现面部潮热、出汗等更年期症状，皮肤可能会变得干燥，出现瘙痒或龟裂的症状，因此要保持皮肤水润，日常皮肤护理注意保湿，不要使用刺激性、含乙醇的化妆品。应穿着对皮肤刺激小的亲肤材质的衣服，使汗液可以迅速被吸收和顺畅排出，保持身体的舒爽。指（趾）甲可能会变黑或变黄，表面产生条纹，质地变硬。此外，指（趾）甲生长速度可能会比治疗前慢，厚度变薄且容易折断。因此要注意保护指（趾）甲。

化疗可能会引起的皮肤问题，如色素沉着、面部斑点增多、皮肤粗糙甚至出现荨麻疹、剥脱性皮炎等都是可逆的，应用正确的方法进行预防。一旦出现这些情况，可以寻求医生的帮助，不要自己胡乱用药。

脱发通常开始发生在首次化疗的第3周，可能会影响自我形象、心理状态、人际交往及生活质量。但是患者们不必过于担心，在一般情况下在化疗结束后3～6个月脱落的头发可重新长出，新长的头发可能比原来的头发更浓密。

可尝试如下办法促进头发生长：

①化疗时头部冷敷或戴冰帽，以使局部皮肤降温，减少头皮血流量，防止药物循环到毛囊，减轻化疗药对毛囊的损伤，从而减少脱发。

②适量增加摄入有利于生发的食物，比如黑芝麻、核桃、黑豆汤等。

③减少对于头发的伤害，注意日常护理，避免烫染头发。

④多梳头可以促进头皮的血液循环，能够帮助头发再生。但是在梳的过程中需要注意不能过于用力。

⑤中医在防治乳腺癌化疗性脱发方面具有一定作用，可以咨询专业的中医科医生。

（黄世林）

第三章
常见的损容性皮肤病

一、为什么我的皮肤总是过敏？

近年来，由于疾病、环境污染、护肤不当、工作压力的增大，过敏患者数量急剧增加。敏感性皮肤发生率逐渐升高。很多敏感性皮肤患者自行使用含激素的外用药，导致激素依赖性皮炎，陷入越治越重的恶性循环中。严重影响正常的工作和生活。

敏感性皮肤特指皮肤在生理或病理条件下发生的一种高反应状态，主要发生于面部。敏感性皮肤在世界各国均有较高的发生率，我国敏感性皮肤发病率为30%～40%，女性发病率普遍高于男性。

1. 我们来看看敏感性皮肤都有哪些表现？

皮肤通常在受到物理、化学、精神等刺激后出现不同程度的刺痛、灼热、瘙痒及紧绷感，持续时间长短不一，可能几分钟，也可能数小时。敏感性皮肤的外观大都基本正常，少数人面部皮肤可出现片状或弥漫性潮红、红斑、水疱，可伴干燥、脱屑。

2. 敏感性皮肤发生都有哪些相关因素?

1) 个体因素

遗传因素, 常见高敏体质、表皮较薄的女性。喜欢折腾容易造成皮肤屏障受损, 比如过度清洁、频繁去角质、经常大力摩擦皮肤, 都会损伤破坏皮质层, 降低皮肤抵御外界刺激的能力。敏感性皮肤也可以继发于某些皮肤病, 如特应性皮炎、玫瑰痤疮、接触性皮炎、湿疹、寻常痤疮等。精神压力大可能引起皮肤病尤其敏感性皮肤的瘙痒等不适。

2) 环境因素

换季及环境温度、湿度的变化也可引起皮肤的敏感性增强。比如春季到来, 粉尘、虫螨增多, 早晚温差大, 使敏感性皮肤处于不友好的环境中, 更容易出现发红、瘙痒等各种不适。

3. 敏感性皮肤该怎么治疗呢?

①治疗原发性疾病, 如特应性皮炎、玫瑰痤疮、接触性皮炎、湿疹、寻常痤疮等。

②对于灼热、刺痛、瘙痒及紧绷感显著者可选择抗炎、抗组胺类药物治疗。

③物理治疗: 冷喷、冷膜收缩扩张的毛细血管, 达到减轻炎症的目的。强脉冲光及射频强脉冲光可通过热凝固作用封闭扩张的毛细血管和对表皮细胞的光调作用促进皮肤屏障功能修复。

④合理护肤: 修复受损的皮肤屏障是治疗敏感性皮肤的重要

措施。合理护肤要遵循温和清洁、舒缓保湿的原则。

4. 敏感性皮肤该怎么护肤呢?

①在医生指导下配合治疗,保持情绪稳定,树立战胜疾病的信心,使皮肤能维持在一个良好的状态。

②尽量使用同一品牌的化妆品,最好是抗过敏系列:平时为过敏体质者初次使用化妆品应非常慎重,事先进行适应性试验,如无反应,方可使用。切忌什么化妆品都用或同时使用多种化妆品,也不能频繁更换化妆品,含香料过多及过酸过碱的化妆品不能用,而应选择适用于敏感性皮肤的化妆品。当皮肤比较干燥时使用含有脂质且比例合适的保湿产品也非常重要,还可经常用水剂喷雾以保持皮肤的润泽。

③避免过度清洁:过度清洁容易破坏皮脂膜,加重皮肤屏障损伤。不要用太热的水洗脸,不可使劲揉搓皮肤。尽量使用温和的洁面、洁肤产品,不用颗粒型洁面乳,更不可选用磨砂膏等去角质的洁面剂、强力型皂基产品及含乙醇等刺激性成分的产品,不然更容易损伤皮肤屏障。清洁后即刻使用保湿滋润的护肤品,保持皮肤的湿润和皮肤水油平衡。

④饮食方面要注意营养平衡:维生素A、B族维生素、维生素C都是皮肤代谢不可缺少的物质,能提高皮肤的抵抗力,避免外界不良因素对皮肤的侵袭,尤其是维生素C有抗过敏作用,可多吃一些豆制品及新鲜蔬菜、水果,以增加皮肤抵抗力。

⑤注意防晒：日光的暴晒或外界温差变化的刺激使皮肤更加敏感。选择戴口罩、戴遮阳帽、使用物理防晒剂等物理防晒方法，减少化学防晒剂对皮肤屏障的刺激。

（代喆）

二、怎么对付色素斑？

随着时代的进步和医学技术的发展，人们对美容的要求越来越高。面对满大街铺天盖地的美容广告，你能分清楚各种"斑"吗，而这些"斑"的治疗方法又都是怎样的呢？

下面，我们来了解一下什么是雀斑、褐青色痣、老年斑和黄褐斑，以及它们的治疗方法。

1.雀斑

雀斑是常见于中青年女性日晒部位皮肤上的黄褐色色素斑，本病有家族聚集现象，可能与常染色体显性遗传有关。表现为面部皮肤散在或密集分布的浅褐色或深褐色色素斑，针尖至粟粒大小不等，圆形、类圆形或不规则形，一般无明显自觉症状（图1-3-1）。

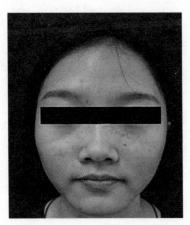

图1-3-1 女性雀斑

看到这里，有些朋友不禁要问：我家里好像除了自己，其他人都没有啊，天啦，难道是因为出生时医院的护士阿姨抱错了？

其实，现在的研究仅表明雀斑有家族聚集现象，可能和遗传有关，并不是一定的。换句话说，雀斑遗传的可能性大但并不是百分百遗传。其中确切的原因，科学家也没完全弄明白，所以没有必要纠结我的雀斑到底是不是父母遗传的，或我的雀斑会不会遗传给我的孩子。

雀斑通常在儿童期发病，发病年龄多在8～10岁，当然也有少数儿童发病年龄更小。多随年龄增长而加重，部分患儿在青春期有加重的趋势。夏季常因日晒而皮疹颜色加深、数目增多，冬季则明显缓解。雀斑不只是女士的"专利"，男士（图1-3-2）也有哦！

目前，治疗雀斑的方法主要是调Q激光。调Q激光中，波长为755纳米的绿宝石激光、694纳米的红宝石激光或Nd：YAG激光（532纳米）都能取得良好效果，一般治疗1～3次，每次间隔3～6月。皮秒激光的疗效与调Q激光的疗效相近或更优，但皮秒激光祛斑效果维持时间更短。告诉大家：调Q激光治疗雀斑效果明显且安全，但在治疗后需长期严格防晒，

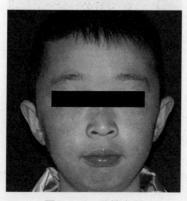

图1-3-2　男性雀斑

否则难看的雀斑又会重新"长"回来。

2.褐青色痣

褐青色痣因为好发于颧骨，故又称颧骨母斑，而色素沉积于真皮层，又让它有了真皮斑的名称。多发于女性，发病年龄多在16~40岁。主要病理特点为在颧部对称分布的直径为2~5毫米的黑灰色素斑点，无其他自觉症状（图1-3-3）。

部分患者有家族史。该疾病需要与太田痣和雀斑加以区别。曾被认为是太田痣的一个变种，但其实和太田痣在临床特点和组织病理上均有不同，也有人称本病为获得性太田痣。

褐青色痣越早治疗效果越好。因为年龄越小，其吸收就越好，沉积的黑素颗粒少，治疗效果就好。另外，早期褐青色痣面积小，成年人后面积变大，颜色加深，加大了治疗的难度，增加了治疗费用。

采用调Q激光治疗颧部褐青色痣可以取得令人非常满意的效果。调Q激光选择性光热吸收原理，靶向作用真皮层沉积黑素颗粒，以其强大的瞬间功率、高度集中的能量及高度的色素选择性，将黑素颗粒击碎，通过淋巴组织排出体外，

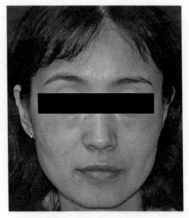

图1-3-3 褐青色痣

而不影响周围的正常组织，从而达到疗效确切、无损伤、无瘢痕、痛苦小及治疗安全的良好效果。因为色素爆破在真皮层内，一次爆破立即代谢清除不太可能，调Q激光治疗褐青色痣一般需要数次，每次治疗间隔3~6个月，以让体内吞噬细胞完全将被击碎的黑素颗粒清除。

3.老年斑

老年斑在医学上称脂溢性角化病，又称老年疣、基底细胞乳头瘤，是一种临床常见的皮肤良性肿瘤。本病大多发生于40岁以后，好发于头皮、面部、躯干、上肢、手背等部位，但不累及掌、跖。开始为淡褐色素斑疹或扁平丘疹，表面光滑或略呈乳头瘤状，随年龄而增大，数目增多，直径在1毫米至数厘米，边界清楚，表面有油腻性痂，痂容易刮除。有些损害色素沉着可非常显著，呈深棕色或黑色（图1-3-4），陈旧性损害的颜色变异很大，可呈正常皮色、淡褐色、暗褐色或黑色。本病可以单发，但通常多发，多无自觉症状，偶有痒感。皮损发展缓慢，极少恶变。

本病一般不需要治疗。对诊断不明确的病例，应取皮损做组织病理检查。由于美容原因需要治疗时，可采用二氧化

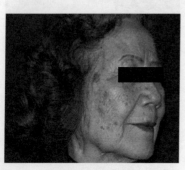

图1-3-4　老年斑

碳（CO_2）激光、液氮冷冻、铒激光或手术切除。

4.黄褐斑

黄褐斑，中医亦称肝斑，为面部的黄褐色色素沉着。多呈对称蝶形分布于颊部。主要见于女性（图1-3-5）。

黄褐斑的病因尚不清楚，其发病与妊娠、长期口服避孕药、月经紊乱、抑郁状态、滥用化妆品等因素有关。它还常见于一些女性生殖系统疾病、结核、癌症、慢性酒精中毒、肝病等患者。紫外线可促使发病并加重病情。男性患者约占10%，有研究认为男性发病与遗传有关。

临床表现为黄褐色或深褐色素斑片，常对称分布于颧颊部，也可累及眶周、前额、上唇和鼻部，边缘一般较明显。无主观症状和全身不适。色素斑深浅与季节、日晒、内分泌因素有关。精神紧张、熬夜、劳累可加重皮损。

黄褐斑的治疗是困扰患者和皮肤科医生的常见难题。若能查出病因，则应尽量祛除病因，如调整睡眠及作息方式、严格防晒、注意皮肤护理、减轻工作及生活压力、保持愉悦

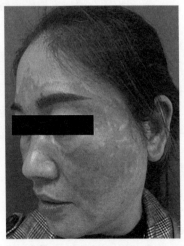

图1-3-5 女性黄褐斑

的心情等。黄褐斑的治疗，主张联合各种方法进行综合治疗，单用任何一种方法，效果较综合治疗会逊色不少。

目前主流的方法是口服药物，如联合使用复方甘草酸苷、维生素C、维生素E以及氨甲环酸、谷胱甘肽；物理治疗包括维生素C导入、果酸换肤、强脉冲光嫩肤（光子嫩肤）、红宝石激光（694纳米）点阵模式、皮秒激光、超皮秒激光等。坚持治疗，多数患者的色素斑会取得明显改善。

但以下情况需做特别说明：

①氨甲环酸及谷胱甘肽：这两者的说明书中均未提及其可用于治疗黄褐斑，但两者治疗黄褐斑的安全性和有效性已得到国内外众多专家的认可。在使用前，需常规进行凝血功能的相关检查，并定期随访（一般需1个月随访1次）。

②药物导入治疗黄褐斑：属物理治疗，每周需进行1～2次治疗。果酸换肤治疗通常间隔2～3周治疗一次，4～6次为1疗程，若条件允许，可进行2～4个疗程治疗，因患者个体差异及病情轻重程度不一，皮肤问题的改善程度也不相同。光子嫩肤或者红宝石激光（694纳米）点阵模式治疗，通常间隔1～2个月，治疗后部分患者面部可出现轻微的红斑，多数治疗后不影响正常生活及工作。

与雀斑、褐青色痣、老年斑治疗的良好效果不同，黄褐斑的治疗是一个漫长而曲折的过程，但正所谓"前途是光明的，道理是曲折的"，只要坚持正确的治疗方法和皮肤护理，黄褐斑也会取得不错的治疗效果。

（谢军）

三、如何正确面对宝宝身上的"红色胎记"呢？

宝宝的出生无疑是每个家庭最大的喜事，但有少数的宝爸宝妈在喜迎新生命的同时也惊讶地发现宝宝在出生时或出生后不久，身上会出现"红色印记"——传说是宝宝来到人间前被天使吻过后留下的记号，它可能逐渐增大或长久存在，也称红色胎记。

1.红色胎记有几类？如何区分？

红色胎记常见的类型有婴幼儿血管瘤、鲜红斑痣和鲑鱼斑。

①婴幼儿血管瘤是一种常见的血管内皮细胞良性肿瘤，在出生时或出生后不久出现，呈鲜红色或暗红色素斑点斑块，并逐渐迅速增大、变厚。发病率为2.6%～4.5%，男女发病比例约为1：3。根据肿瘤侵犯深度不同，婴幼儿血管瘤分为浅表型、深在型及混合型3种类型。

②鲜红斑痣是先天性的毛细血管扩张畸形，常在出生时出现，发病率为0.3%～0.5%，全身均有可能发病，以头颈、面部为主。鲜红斑痣一般在出生后并不会迅速增长，皮损面积根据皮肤增长同比例放大，皮损部位不高于皮面且按压后褪色。大多鲜红

斑痣无法自愈，需要积极治疗，否则随着年龄增长会出现颜色加深、增厚并出现结节样增生。

③鲑鱼斑属于特殊类型鲜红斑痣，中线型微静脉畸形，发病率在20%以上，好发于额部、人中等面中部或枕后区，大部分鲑鱼斑在1岁后可以自行消退，在消退过程中呈褐色。

婴幼儿血管瘤、鲜红斑痣和鲑鱼斑的主要区别可见表1-3-1。

表1-3-1 三类红色胎记的区别

类型	发病率	男女比例	起病形态	皮损分布	短期变化	预后
婴幼儿血管瘤	2.6%～4.5%	1:3	鲜红或暗红色素斑点、斑块	全身均有可能	短期内增多、变厚	多数在10岁前可以消退
鲜红斑痣	0.3%～0.5%	1:3	粉红或鲜红色素斑片	全身均有可能，以头颈、面部为主	短期无变化，随着年龄增长颜色加深、增厚	几乎不消退
鲑鱼斑	20%以上	1:1	粉红或鲜红色素斑片区	额部、人中等面中部或枕后区	短期无变化，随着年龄增长颜色逐渐变淡	1岁后逐渐消退

2.红色胎记的起病原因分别是什么?

最新研究表明婴幼儿血管瘤的危险因素包含胎盘异常、低出生体重以及早产等;鲜红斑痣的发病机制复杂,目前研究发现可能与神经因素、基因突变、血管病理基础及局部外伤等因素有关;鲑鱼斑的起病可能与遗传因素有关。

3.红色胎记能自己好吗? 需要治疗吗?

大部分婴幼儿血管瘤有自愈倾向,多在出生后6个月至1岁进入平台期及消退期,多数在10岁前可以消退。婴幼儿血管瘤是否需要治疗取决于血管瘤的类型、位置、大小、形态以及生长情况等。对于高风险区(眼周、鼻周、口周等部位)、面部其他区域或外阴等特殊部位容易影响功能或容貌的血管瘤,建议积极治疗,否则可以观察等待自愈。大部分鲜红斑痣是没有消退倾向的,建议在宝宝3个月后开始临床治疗。鲑鱼斑一般无须特殊处理,但如果在2岁后仍无消退倾向,可酌情给予治疗。

4.红色胎记有哪些治疗方法?

目前治疗婴幼儿血管瘤的方法主要包括外敷β受体阻滞剂(包括噻吗洛尔、卡替洛尔滴眼液)、口服普萘洛尔、激光甚至手术切除等,但具体需要采取哪种治疗,需要医生根据具体情况制订方案。浅表血管瘤可外敷噻吗洛尔滴眼液控制生长,位于眼周、气道旁等特殊位置的血管瘤建议口服普萘洛尔,大部分生长迅速的血管瘤可通过染料激光达到抑制生长的目的。目前针对鲜红斑痣的治疗多采用激光或光动力治疗（photodynamic therapy，PDT），对于局限皮损主要采用585纳米/595纳米脉冲染料激光或585纳米/1 064纳米双波长激光，对于面积大的皮损建议采用光动力治疗。如果多次激光及光动力治疗均无效且患儿的皮损局限及严重增厚，可以酌情考虑外科手术切除治疗。对于2岁后无消退倾向的鲑鱼斑也可尝试染料激光治疗。

5.染料激光或光动力治疗红色胎记的治疗间隔时间及次数是多少？

染料激光治疗婴幼儿血管瘤的具体次数需要根据瘤体的位置、大小、深度及对激光的反应来决定，大部分在5次左右，建议间隔1.5～2个月治疗1次。染料激光治疗鲜红斑痣的具体次数跟皮损部位、面积、血管深浅等因素有关，目前统计的平均治疗次数是5次，间隔2个月治疗1次。光动力治疗鲜红斑痣一般3～5次为1个疗程，治疗到皮损颜色不再改变为止，建议治疗间隔2～3个月。

6.激光或光动力治疗红色胎记后有哪些注意事项？

染料激光术后即刻可外用冰袋或功效面膜外敷镇静20～60分钟至红烫感基本消退，术后可能出现3～5天的红肿、疼痛和2周左右的紫癜，无须特别处理。治疗后1周内尽量避免碰水、搔抓局部及大量出汗，并按照医生要求涂药。若出现水疱，不要自行搓揉，等待其自行吸收即可；若水疱破溃，可涂抹夫西地酸等抗生素软膏，并保持干燥。治疗后2个月内应注意避免日光照射，以防色素沉着。术后2周或皮肤完全恢复后，外出可涂抹SPF>30的防晒霜或物理防晒。光动力治疗术后护理与染料激光基本一致，但治疗后需全身避光，具体避光时间要因人而异，一般约2周，2周后可逐渐小面积暴露或延长日照时间，以避免发生光敏反应。光动力治疗术后若出现红、肿、痛、痒、水疱等过敏反应，应加强严格避光措施，可口服糖皮质激素（泼尼松）或抗过敏药物（氯苯那敏）等，防止瘢痕形成。

（王思宇）

四、青春期的呐喊：能不能只要青春不要痘？

1. 什么是寻常痤疮？

寻常痤疮是毛囊皮脂腺组织的慢性炎症性皮肤病，主要发生于颜面和胸背等皮脂腺分泌旺盛的区域，临床主要表现为粉刺、丘疹、脓疱、结节、囊肿等多形性皮损，常伴有皮脂溢出，好发于青春期，所以俗称青春痘。

2. 我们为什么会得痤疮呢？

1）雄激素

在雄激素作用下，皮脂腺快速发育和脂质大量分泌是寻常痤疮发生的病理生理基础。其中影响最大的是睾酮，它可以转化为有活性的双氢睾酮（DHT），DHT不仅可与皮脂腺细胞内的受体结合，刺激皮脂腺细胞增生和皮脂分泌增加，还能促进皮脂中游离脂肪酸的含量升高，可使毛囊漏斗部和皮脂腺导管过度角化，造成栓塞，使皮脂排泄产生障碍，导致寻常痤疮。

2）痤疮丙酸杆菌

痤疮丙酸杆菌是一种革兰阳性菌，是人体皮肤表面的正常菌群，主要寄居在皮肤毛囊和皮脂腺内，侵入皮脂腺的痤疮丙酸杆菌释放多种具有生物活性的酶，这些酶可以分解皮脂中的甘油三酯生成游离脂肪酸和低分子多肽。其中，游离脂肪酸可刺激毛囊壁引发炎症，同时刺激毛囊皮脂腺导管增生和过度角化，导致皮脂分泌受阻、排泄不畅，从而增加寻常痤疮的发生率；低分子多肽可释放水解酶和多种炎症介质，诱导局部炎症反应，使皮脂腺被破坏，形成寻常痤疮。

3）炎症损害和免疫失常

近年来，有关免疫学致病机制的研究发现，寻常痤疮患者血清IgG水平增高，并且随病情加重而明显增高。另外，痤疮丙酸杆菌大量增殖后进入真皮引起内源性感染，并诱导一系列的免疫应答。

4）毛囊皮脂腺导管角化异常

毛囊皮脂腺导管过度角化，其导管口径缩小，致上皮细胞和皮脂积聚于毛囊口，从而引发寻常痤疮。皮脂主要成分角鲨烯在常温下呈油状液体，吸收空气中的氧后转变成亚麻仁油状的黏性液体，难以从毛囊口排出而引发寻常痤疮。

5）其他

遗传因素、环境因素和心理因素等也会引起寻常痤疮，使用某些化妆品、工业用油和某些药物等也可能引发寻常痤疮。

3. 寻常痤疮怎么治疗？

寻常痤疮的治疗分为局部治疗和系统治疗。局部治疗分为外用药物、化学治疗、物理治疗以及其他治疗。系统治疗主要包括维A酸类药物治疗、抗生素类药物治疗和抗雄激素治疗。

1）局部治疗

（1）外用药物

①外用维A酸类药物：外用维A酸类药物是轻度寻常痤疮的单独一线用药、中度寻常痤疮的联合用药以及寻常痤疮维持治疗的首选药物。目前常用的外用维A酸类药物包括第一代维A酸类药物如 0.025%～0.100%全反式维A酸霜或凝胶和异维A酸凝胶，第三代维A酸类药物如0.1%阿达帕林凝胶和他扎罗汀。

阿达帕林在耐受性和安全性上优于全反式维A酸和异维A酸，对非炎症性皮损疗效优于全反式维A酸，可以作为外用维A酸类药物治疗寻常痤疮的一线选择药物。

外用维A酸类药物常会出现轻度皮肤刺激反应，如局部红斑、脱屑，出现紧绷和烧灼感，但随着使用时间延长可逐渐消失。建议低浓度或小范围使用，每晚1次，避光。

②过氧化苯甲酰：过氧化苯甲酰可以减少痤疮丙酸杆菌耐药的发生，如患者能耐受，可作为炎症性痤疮的首选外用抗菌药物。本药可以单独使用，也可联合外用维A酸类药物或外用抗生素。

③外用抗生素：常用的外用抗生素包括红霉素、林可霉素及其衍生物克林霉素、氯霉素等。近年来发现外用夫西地酸乳膏对痤疮丙酸杆菌有较好的杀灭作用及抗炎活性，且与其他抗生素无交叉耐药性，也可作为外用抗生素用于寻常痤疮治疗的选择之一。

由于外用抗生素易诱导痤疮丙酸杆菌耐药，故不推荐单独使用，建议和过氧化苯甲酰或外用维A酸类药物联合应用。

④壬二酸：20%壬二酸乳膏是治疗寻常痤疮的皮肤外用药，对痤疮丙酸杆菌和表皮葡萄球菌等寻常痤疮患者皮肤的常见菌具有抗菌活性。

（2）化学治疗

化学剥脱术：又称化学换肤术，俗称刷酸。化学剥脱术对于治疗痤疮、抗衰老、消除皱纹和色素斑有很好的效果。但它是一个复杂的过程，而且需要一定的技巧，需要由专业的医务人员来进行操作。

（3）物理治疗

①激光疗法：多种近红外波长的激光，如1 320纳米激光、1 450纳米激光和1 550纳米激光常用于治疗痤疮炎症性皮损。强脉冲光和脉冲染料激光有助于炎症性痤疮后期红色印痕消退。点阵激光对于痤疮瘢痕有一定程度的改善。

②光动力治疗：术后需避光48小时，以免产生光毒反应。轻、中度皮损患者可直接使用发光二极管（LED）蓝光或红光进行治疗。

（4）其他治疗

①粉刺清除术：可在外用药物的同时，选择粉刺挤压器挤出粉刺。挤压时，注意无菌操作，并应注意挤压的力度和方向。

②囊肿内注射：对于严重的囊肿性痤疮，在药物治疗的同时，配合醋酸曲安奈德混悬剂+1%利多卡因囊肿内注射可使病情迅速缓解，每1～2周治疗1次。

2）系统治疗

（1）维A酸类药物治疗

口服异维A酸具有显著抑制皮脂腺脂质分泌、调节毛囊皮脂腺导管角化、改善毛囊厌氧环境并减少痤疮丙酸杆菌的繁殖、抗炎和预防瘢痕形成等作用。

口服剂量：推荐从0.25～0.5 mg/（kg·d）剂量开始，累积剂量的大小与寻常痤疮复发显著相关，推荐累积剂量以 60 mg/kg 为目标。寻常痤疮基本消退并无新发疹出现后可将药物剂量逐渐减少至停药。

异维A酸的不良反应主要是皮肤黏膜干燥，特别是口唇干燥。较少见引起肌肉骨骼疼痛、血脂升高、转氨酶异常及眼睛受累等，通常发生在治疗最初的2个月，肥胖、血脂异常和肝病患者应慎用。长期大剂量应用有可能引起骨骺过早闭合、骨质增生、骨质疏松等，故＜12岁者尽量不用。

女性患者应在治疗前1个月、治疗期间及治疗后6个月内严格避孕，如果在治疗过程中意外怀孕，则必须采取流产处理。

异维A酸导致抑郁或自杀与药物使用关联性尚不明确，寻常痤疮本身会导致患者自卑、抑郁，已经存在抑郁症状或有抑郁症的患者不宜使用。

（2）抗生素类药物治疗

第二代四环素类药物多西环素和米诺环素是治疗中、重度痤疮的常用药。研究表明，多西环素治疗寻常痤疮的安全性高，副作用少；而米诺环素能降低游离脂肪酸浓度，并能渗透至毛囊皮脂腺抑制痤疮丙酸杆菌和中性粒细胞趋化，是目前治疗寻常痤疮的首选口服药物。

（3）抗雄激素治疗

女性寻常痤疮患者可采用抗雄激素治疗，其治疗药物包括避孕药、螺内酯、西咪替丁和口服激素。

①避孕药：由炔雌醇和环丙孕酮组成，是抗雄激素治疗最常用的药物。

②螺内酯：可选择性地破坏性腺和肾上腺的细胞色素P450酶系统，抑制雄激素生成酶的活性，减少雄激素的产生。单独使用螺内酯时，会产生高钾血症、肾功能损害和胃肠道反应等不良反应，所以使用时应与噻嗪类利尿药联用，且严禁高钾饮食、服用钾剂和其他含钾药物等，还应注意其导致的严重的皮肤不良反应。

③西咪替丁：具有较弱的抗雄激素作用，可抑制皮脂分泌。但是，西咪替丁治疗寻常痤疮疗效并不明显，且伴有精神紊乱、咽喉疼痛、发热等不良反应，故并不推荐作为寻常痤疮的常用治疗药物。

④口服激素：具有抑制肾上腺皮质功能亢进引起的雄激素分泌、抗炎和免疫抑制的作用。口服激素主要用于暴发性痤疮或聚合性痤疮。醋酸泼尼松的剂量最好控制在20毫克/天以下。

4.患了寻常痤疮日常生活需要注意什么？

在进行规范治疗的同时，患者需要注意限制高糖和油腻饮食的摄入，适当控制体重、避免熬夜及过度日晒等均有助于预防或改善寻常痤疮。同时科学护肤，选用控油保湿的清洁产品洁面，但不能过度清洗，忌挤压和搔抓。清洁后，还要根据自己的皮肤类型选择相应功效性护肤品配合使用。在治疗中需要定期复诊，根据治疗反应情况及时调整治疗方案，减少后遗症。

（程石）

五、冬去春来，愿"玫瑰"不再"盛开"：玫瑰痤疮怎么治疗和护理？

玫瑰痤疮是一种常发作于面中部的炎症性的皮肤病，主要涉及面中部的血管、神经组织和毛囊皮脂腺单位，具有慢性和易复发的特点。国外的研究报道称该病的患病率高达5.46%。同时玫瑰痤疮的发生与多种疾病可能有一定的相关性，比如心血管疾病、代谢性疾病、消化系统疾病、神经精神疾病和肿瘤等，已经引起医学界越来越多的关注。

1.为什么会得玫瑰痤疮呢?

1）遗传的原因

部分与患者有血缘关系的家属也会发生玫瑰痤疮，一些基因也与玫瑰痤疮的发病相关。因此，通常认为玫瑰痤疮的发生具有一定的遗传背景。

2）神经血管调节功能的异常

这个因素在玫瑰痤疮的发病中占有重要地位。皮肤受到外界的刺激后，身体内部的神经元会释放很多神经肽，这些物质的释放就会引起炎症，进而引起面部的潮红、红斑等，这个现象就称为神经源性炎症。患者的焦虑和抑郁的情绪也与玫瑰痤疮的神经源性炎症有密切的关系。

3）天然免疫功能的异常

在玫瑰痤疮患者的皮损部位，很多与天然免疫功能相关的分子表达增加，与机体免疫相关的细胞数量也明显增多。皮肤在受到紫外线等刺激或感染后，机体释放的物质会加重炎症反应和诱导血管的生成，这个因素与玫瑰痤疮炎症发展密不可分。

4）皮肤屏障功能的破坏

玫瑰痤疮患者的皮肤屏障主要是由炎症的损伤、外界环境的变化及面部使用不恰当的药品、护肤品或光电治疗等破坏。由于面颊部角质层相对较薄，皮脂腺分布相对较少，真皮层血管分布丰富，所以面中部更容易出现干燥、灼热、刺痛或瘙痒等皮肤敏感症状。皮肤屏障受损会导致皮肤角质层含水量降低，皮脂量降低，对外界的刺激会更加敏感。

5）微生态的紊乱

较严重的玫瑰痤疮会出现丘疹、脓疱及肉芽肿等，这可能与大量毛囊蠕形螨的存在有关。同时痤疮丙酸杆菌、马拉色菌、表皮葡萄球菌以及消化道幽门螺杆菌等病原微生物也可能参与玫瑰痤疮的发生。

6）其他因素

除了以上提到的5点，玫瑰痤疮的发病还可能与年龄增长、每天阳光照射时间过长、洗脸水温过高或过低、每周化妆次数或情绪变化次数过多、空调温度（夏天过低，冬天过高）、有过敏史、喜欢甜食等因素有关。

2.如何判断是否患上玫瑰痤疮呢?

玫瑰痤疮经常发生于面中部，比如面颊、颧骨部位、眉间部位、鼻子，部分患者的眼睛及其周围也会伴发。既往将玫瑰痤疮分为红斑毛细血管扩张型、丘疹脓疱型、增生肥大型和眼型4种亚型。总的来说，玫瑰痤疮的主要临床表现有以下5个方面。

1）阵发性潮红

由于短时间面部的神经血管受到外界的刺激，比如温度的变化、日晒、情绪的变化或食用了辛辣及其他刺激性的食物都可能出现。当该症状发作时，患者可能会有灼热、刺痛等不适的感觉。

2）持续性红斑

持续性红斑指面部皮肤随着外界持续性的刺激呈现持续性发红的现象。发红的表现会随着外界的刺激时重时轻，但不会自己完全消失。这个现象也是玫瑰痤疮最常见的表现，必要时可配合皮肤镜等辅助检查手段判断。

3）丘疹、脓疱

该现象典型的表现是圆顶状的红色丘疹及针头大小的脓疱，也可能会出现结节。

4）毛细血管扩张

该现象在不同深浅肤色的患者中表现不一，可能肤色较深的患者不容易关注到，必要时可以依靠专业设备检查辅助判断。

5）增生肥大

该现象主要表现为皮肤的增厚、腺体的增生及球状外观。通常鼻子部位是最常出现增生肥大的部位，俗称酒渣鼻。

除以上主要表现外，还有以下一些次要表现。

①皮肤敏感症状：灼热感或刺痛感等，在阵发性潮红发作

时，可能会更加明显。

②面部水肿：水肿可能会持续数天或因炎症改变而加重。

③皮肤干燥：面部皮肤干燥、紧绷和瘙痒感。

④眼部表现：眼周丘疹脓疱、眼睑结膜充血、眼睛异物感和光敏感等。

3.得了玫瑰痤疮该怎么治疗呢?

由于玫瑰痤疮是一种慢性的、复发性的炎症性皮肤病。一般经过3个月的治疗病情可以得到基本控制或显著改善。对于只有阵发性潮红的患者一般不需要用药物治疗，只需在日常生活中科学护肤和减少外界的刺激即可。但对于中、重度的患者，有必要针对性地选择以下方式进行进一步的治疗。

1）药物治疗

（1）局部治疗

选择甲硝唑、克林霉素、夫西地酸、红霉素或伊维菌素进行抗菌治疗。壬二酸及水杨酸可以改善玫瑰痤疮的丘疹和脓疱现象。过氧化苯甲酰仅用于鼻子部位和口周丘疹脓疱型患者，将其点涂于皮损处。溴莫尼定凝胶与盐酸羟甲唑啉乳膏被认为具有减少面部红斑现象的功能。人工泪液、环孢素滴眼液、阿奇霉素滴眼液和四环素滴眼液都可以作为眼睛部位的选择用药。

（2）系统治疗

口服抗生素对玫瑰痤疮丘疹脓疱型疗效显著，包括多西环素、米诺环素与甲硝唑等。增生肥大型患者及其他治疗效果不佳的丘疹脓疱型患者可以选择异维A酸系统治疗，但要注意不可与四环素类药物同时使用。羟氯喹可以改善阵发性潮红或红斑。卡维地洛主要用于难治性阵发性潮红和持续性红斑明显的患者。对于长期精神紧张、焦虑过度的患者，可以选择抗抑郁药米氮平和帕罗西汀调节血管功能。

此外，中医中药也有一定的作用。

2）光电及物理治疗

当玫瑰痤疮患者处于病情稳定状态时，可以选择光电治疗改善面部的炎症，减少扩张的毛细血管和增生肥大的皮损。如强脉冲光、脉冲染料激光、CO_2激光或铒激光、红黄光和射频等，但是需要注意避免频繁的光电治疗。皮肤屏障修复的仪器治疗包括舒敏之星及O_4皮肤屏障修复治疗等。

3）手术治疗

毛细血管扩张或小型的赘生物可以选择划痕及切割术，对于较大的赘生物可以选择切削术和切除术。

4）注射治疗

A型肉毒毒素可以减轻玫瑰痤疮的红斑、阵发性潮红等症状，同时还可以减轻炎症，是一种安全有效的治疗面部红斑和修复玫瑰痤疮患者皮肤屏障的方法。

以上不同的治疗方式都需要专业的医生针对患者的具体情况决定。

4.在日常生活中应该如何护理呢?

玫瑰痤疮的治疗需要医生和患者的配合和共同努力。如果得了玫瑰痤疮,首先请第一时间到专业的医疗机构就诊,由医生根据实际情况做针对性治疗。在日常生活中建议做到以下4点:

①做好防晒:可以戴遮阳镜、戴遮阳帽、打遮阳伞等物理防晒措施为主,皮损基本控制后可以考虑使用功效性防晒霜。同时注意平时洗脸水温不宜过高或过低,清洁面部时尽量减少对面部皮肤的摩擦动作,避免过度清洁。

②保持饮食清淡:饮酒会增加玫瑰痤疮的发病率。

③保持情绪稳定:焦虑和紧张都会加重病情。

④做好护肤措施:使用保湿产品修复和维持皮肤屏障功能,应避免使用"三无"护肤品,慎用隔离霜及彩妆。尽量咨询专科医生后选择刺激性低和适合自己的护肤品。对于中、重度玫瑰痤疮患者建议护肤简单化,如面部干燥者,仅外用功效性护肤品即可。希望通过医生与患者的共同努力,让这朵"玫瑰"不再"盛开"。

(万慧颖)

六、面对"草莓鼻""黑头"——我该怎么做?

面部毛孔粗大是大家常来咨询的皮肤问题之一,既影响美观,也影响心情。医学上对皮肤毛孔粗大的定义不十分明确,通常指面积大于0.02毫米^{2}的圆形毛囊开口。

目前主要认为皮脂分泌量过高、皮肤老化导致毛孔周围支持结构弹性下降、毛囊体积增大是面部毛孔粗大主要的诱因。其他影响因素包括性别、种族、遗传、痤疮、外源性刺激物质、慢性光损伤、皮肤的炎症以及皮肤护理不当等。

1.针对面部毛孔粗大的治疗方法有哪些

1）口服药物

抑制皮脂腺分泌可以有效减轻毛孔粗大，目前抑制皮脂腺分泌最强大的药物是异维A酸，其常用于治疗中、重度痤疮以及伴有皮脂溢出的毛囊皮脂腺炎症性疾病，服用异维A酸可以使患者在毛孔大小，皮肤弹性、色泽、色素斑和色素沉着减少方面均有改善。但口服异维A酸有潜在的不良反应，如致畸（育龄妇女禁用）、肝肾功能损伤、血脂升高等，因此请大家酌情使用。抗雄激素药物也是常用的抑制皮脂腺分泌的药物，如避孕药、螺内酯和环丙孕酮等，但一般仅用于女性，且常需要较长的疗程，如螺内酯，推荐疗程为3~6个月。男性患者使用后可能出现乳房发育、乳房胀痛等症状，故不推荐使用。

2）外用药物

长期以来，外用维A酸在临床上可一定程度逆转自然老化和光老化导致的表皮和真皮的变化。近年也发现，外用维A酸可以调节毛囊皮脂腺开口处上皮角化程度，从而祛除角质栓，改善毛孔粗大。临床上常用的外用药物还有异维A酸和他扎罗汀软膏。

化学剥脱术也被应用于改善毛孔粗大。目前临床常用的药物包括果酸、普通水杨酸和超分子水杨酸、复合酸等。剥脱深度大约为表皮到真皮上层，通过降低角质形成细胞的粘连性，避免了角质层过度堆积。另外，果酸能促进成纤维细胞合成胶原，刺激皮肤受损部位重新生成胶原蛋白，从而改善毛孔粗大，使皮肤变得光滑。水杨酸可使表皮厚度和胶原束密度显著增加，直接改善毛孔粗大，同时，水杨酸有抗炎作用，间接改善毛孔粗大。

3）光电治疗

近年来，随着光电技术的发展，点阵激光、点阵射频、聚焦超声等新型光电技术在皮肤重建方面显示出显著优势，光电治疗改善毛孔粗大的主要机制可能是通过热能或超声波能量造成毛囊皮脂腺开口附近胶原纤维重构，以增加皮肤弹性和减少皮脂分泌。与传统激光治疗相比，术后愈合迅速，恢复期更短。

4）聚焦超声治疗

聚焦超声能将超声波能量聚焦于真皮层与浅表肌腱膜系统（SMAS），聚焦的超声波能量能形成皮下微细的"热点"，作用温度在65～70摄氏度，能够产生即刻的收缩效果；同时激发皮肤的自我更新机制，有效刺激胶原蛋白增生，使皮肤紧致，从而改善毛孔粗大。

5）A型肉毒毒素治疗

A型肉毒毒素通过阻断胆碱能信号传导和抑制神经调节作用可以有效减少皮脂产生，进而改善毛孔粗大。现有A型肉毒毒素的注射治疗毛孔粗大的方法是将稀释的肉毒毒素A的多个微滴注射到真皮或真皮下层，以减少面部油腻感和提升光泽度，并减少汗液和皮脂腺的活动，可以改善毛孔粗大。

6）水光疗法

水光疗法是通过水光针将营养物质及药物精准注入皮肤特定层，有效补充透明质酸、多种维生素等营养物质，刺激胶原蛋白生成，使皮肤变得水润光泽，有效延缓皮肤衰老，改善肤质，改善毛孔粗大。其中，改善毛孔粗大最常使用的是透明质酸。

2.面部毛孔粗大，日常护理怎么办？

毛孔粗大的罪魁祸首是毛孔皮脂分泌过旺，造成毛孔皮脂堆积，把毛孔撑大，因此首要的任务就是去油、去角质。毛孔得到清洁，自然会恢复如初。

同时抑菌也很重要，此时选择抑菌成分产品，可以有效地避免毛孔周围细菌的聚集，减少皮肤不适的感觉，促进毛孔收缩。

（刘伟）

七、真的是"四月不脱毛，六月猕猴桃"？

俗话说："四月不脱毛，六月猕猴桃。"随着气温越来越热，人们的衣着也越来越清凉，"脱毛"自然就成了首要任务，春季到夏季这期间，恰好是激光脱毛最适合的时间。为什么呢？首先，春天做了激光脱毛后更易遮挡，可以更好地避免日晒，色素不易沉着，恢复也更快。而且，为了保证最佳的治疗效果，在疗程期间不能自行拔除或刮除新生毛发，选择春季进行脱毛，治疗部位被衣服遮盖，无须担心毛发长出的过程被发现。此外，最好的脱毛技术也需要经过3~5次疗程，才能彻底清除多余毛发。春天开始治疗，等到夏天的时候，正好达到最佳的效果。另外，春季气温舒适，不容易引起皮肤出汗多，从而影响脱毛部位皮肤的正常修复。

为什么有的人毛发特别旺盛？毛发的生长情况跟种族、年龄、性别以及气候情况都有关系。毛发比同龄、同性别的人长得粗、长、多，称为多毛症。根据多毛症在出生时是否出现，可以分为先天性和获得性；根据毛发生长部位，可以分为全身性和局限性。其中，女性患者较多，即女性出现男性的毛发特征的现象，在育龄期女性中发病率约为5%。引起女性多毛症的病因比较复杂，包括雄激素水平升高、机体对睾酮等雄激素敏感性增高，导致这种情况的具体病因有肾上腺疾病、卵巢疾病、肢端肥大症、男性假两性畸形、伴雄激素表现的特纳（Turner）综合征、使用雄激素及相关药物等。

如果出现多毛症，应该及时到医院就诊。就诊时医生可能会问这些问题：什么时候出现多毛？都出现在什么位置？是否在使用药物？是否有内分泌方面的疾病？家人是否也有类似的情况？如果是女性，医生可能会询问月经周期及经量是否正常，是否有下体出血的情况。除此之外，医生还可能安排一些检查，比如抽血查性激素、电解质、血脂、血糖、肝肾功能，盆腔、腹部、头部的超声或计算机断层扫描（CT）检查等。通过详细地询问病史及检查，可以明确多毛症的病因。

多毛症治疗的关键就是去除病因。去除病因后，多数多毛症也就随之消失。治疗的方法包含药物治疗、外科手术治疗、局部治疗以及光电治疗等。

对于多数普通人，因为美观的原因想要祛除外露的毛发，是有很多方法的。美容的脱毛方法主要包括两大类：暂时性脱毛、持久性脱毛。

暂时性脱毛包括刮剃、拔除或使用脱毛膏脱毛，脱毛后毛发可再生，尤其是拔毛，在祛除毛发的同时还会刺激毛囊进入生长期。注意这些方法都对皮肤有一定的伤害和刺激。

持久性脱毛包括电解术、激光、强脉冲光脱毛等。相对而言，电解术脱毛操作较为烦琐，用时较长，患者痛苦较大，而且有遗留点状瘢痕的风险，目前已经很少使用。激光脱毛和强脉冲光脱毛的原理都是选择性光热作用，通过光能转化后产生热能，选择性作用毛囊中的黑色素，从而达到破坏毛囊的目的。激光脱毛和强脉冲光脱毛是目前较常使用的持久性脱毛方法。激光只产生单一波长的光，强脉冲光则可发出波长在一定范围内的光（一般在515～1 200纳米）。强脉冲光可根据治疗需要用滤光片滤去非所需波段，输出相应波段的强光，目前较常用于脱毛的有650纳米及695纳米的滤光片。理论上强脉冲光为宽谱光，可比单一波长的激光较好地作用于不同深度的毛囊组织，但同时宽谱光源中的短波光源也提高了表皮黑色素竞争性吸收能量的机会，增加了不良反应的可能，所以一般来说，使用强脉冲光脱毛要更注意控制治疗能量，所需治疗次数较多。在国内，最受欢迎的冰点脱毛脱毛激光为800纳米半导体激光。此激光波长较长，具有主动冷却装置，脉冲宽度（简称脉宽）也更大，所以治疗肤色较深的亚洲人比红宝石激光、绿宝石激光更加安全，而且效果也更好。

（毛玉洁）

第四章

常见的皮肤光电设备

一、医美入门"顶流明星"——光子治疗是什么？

光子治疗是目前临床上应用最广泛的光电治疗，在皮肤美容领域占有十分重要的地位。

1.光子治疗有什么作用？

光子治疗就是将日光通过特定的设备过滤掉对皮肤有害的一段光谱（比如紫外线）后剩余的光谱来治疗皮肤的一些问题，通常使用500～1 200纳米这个波段的光，选择性作用于皮下色素或血管，分解色素斑，闭合异常的毛细血管，同时光子还能刺激皮下胶原蛋白的增生，因此可以看成是美肤的"万能选手"。

2.光子与彩光、炫光是一回事吗？

不同的生产厂家生产的光子产品在市场推广中会被赋予不同的名称，因此就可以看到社会上光子有各种名称，除了强脉冲光这个公认的名称以外，诞生了很多其他的名称，例如强光、彩光、炫光、纳米彩光、复合彩光、精准光、脉冲强光、完美脉冲技术（OPT）等，这些名称不同的光子产品之间虽然有一些差别，但差别不是很大。

3.光子是激光吗？光子与激光有什么区别？

光子不是激光。激光是单一波长的光比如仅含红光或黄光，能量集中、作用力强，但作用到的组织是比较单一的，比如针对色素的激光就只针对色素，而对血管等就没有作用。

与激光相比，光子是宽谱光，同时含有红光、橙光、黄光、绿光及近红外光，因此可以同时作用于皮肤的色素、血红蛋白、皮脂腺、毛囊、水分等组织，可以看成是"万能选手"。

光子治疗时的能量参数是比较温和的，治疗后皮肤反应相对于激光治疗来说要轻一些。

4.哪些情况适合光子治疗？

①黄褐斑：面部大面积的色素斑片或色素沉着。

②皮肤暗沉、松弛，有细小皱纹，出现老年性皮肤改变。

③痘印、毛孔粗大、面部毛细血管扩张发红，皮肤经常发红，脸上可见一丝一丝的血管、红鼻头（酒渣鼻）。

④有脱毛需求的：唇毛、腋毛、四肢及躯干毛发浓密者。

⑤早期瘢痕：手术或外伤后早期红色、软的瘢痕治疗效果好。

⑥联合治疗：光子治疗可与肉毒毒素注射、填充治疗、水光针等其他美容手段联合使用。

5.光子治疗需要做几次？

光子治疗的能量参数比较温和，一般需要做3～5次，大约一个月做1次，受众根据不同情况可以选择治疗次数。

6.光子治疗疼不疼？

光子治疗属于非剥脱性治疗，一般不需要麻醉处理，有温热或轻微针扎样的疼痛，通常可以耐受。治疗后，皮肤会有轻微发红，用清水冲洗即可消除，必要时可加用冰敷。

7.敏感性皮肤可以进行光子治疗吗？

光子治疗可以封闭皮肤扩张血管、刺激皮肤底下的胶原组织增生，所以对于敏感性皮肤，光子治疗可以减轻或改善灼热、刺痛、瘙痒、发红等症状。光子治疗对敏感性皮肤有很好的效果，只是要非常注意把握皮肤的状况、能量的大小及在术后采取很好的修复措施。

8.光子对光老化的作用

皮肤光老化主要体现在三个方面：皮肤质地的改变、色素性改变、血管性改变等，表现为细纹、色素斑或暗沉、红血丝、皮肤松弛。大部分治疗手段不能同时改善这三类光老化的表现，光子具有"万能选手"的特性，通过光热解作用的原理，可以同时让细纹改善、色素斑减少、肤色提亮、皮肤紧致，所以它抗光老化的效果也是非常好的。

9.光子治疗会不会加速皮肤老化?

从理论上来讲，皮肤老化是由自然因素或非自然因素造成的皮肤衰老现象。当人到达某个年龄，皮肤就会开始老化，这种老化往往在人们不知不觉中慢慢进行。

经过光子治疗后，皮肤的结构发生了变化，皮肤中胶原蛋白，尤其是弹力纤维的恢复可使皮肤显年轻，只要在以后的日子里加强保护，皮肤是不会变本加厉地加速老化的。

10.光子治疗会不会使皮肤变薄、让皮肤变得敏感?

光子治疗可以封闭皮肤扩张的血管、刺激皮肤底下的胶原组织增生，因此光子可以使皮肤增厚，让皮肤屏障得以修复，降低皮肤敏感性。但是光子治疗有美白皮肤的效果，相对来说，白色皮肤对紫外线的防护性低，很容易晒黑、晒伤，所以光子治疗后要注意防晒。

11.光子治疗后如何护理?

光子治疗后的皮肤护理很重要! 一个是保湿，另一个是防晒!

光子治疗后，一定要做好防晒工作，多用物理防晒，比如戴遮阳帽、打遮阳伞、戴口罩! 避免紫外线给皮肤带来危害，防止黑色素沉淀。

光子治疗对皮脂腺有一定作用，会抑制皮脂腺的分泌，因此治疗后建议使用一些保湿面膜及功效性护肤品。

光子治疗后，不要立即使用化妆品，同时，采用的化妆品要温和，有效避免化妆品给皮肤带来的危害，不要使用含有水杨酸、果酸之类带有剥脱性质的护肤品。

良好的生活习惯如不抽烟、不喝酒、不熬夜，多吃一些富含维生素的瓜果蔬菜等有助于皮肤的恢复。

但必须注意，一定要在正规的医疗机构里进行治疗，以保证安全和治疗的有效性。

12. 哪些情况不能做光子治疗？

对求美需求过高，有精神异常史，有皮肤光过敏或正服用光敏药，反复感染单纯疱疹，有家族皮肤肿瘤病史，患有免疫性疾病，孕妇及哺乳期，以及其他经医生评估存在不宜进行光子治疗的问题。

（吕蓉）

二、染料激光为什么是"红色克星"？

除了"色素"，"红"是另一常见影响皮肤美观和心理健康的因素。皮肤的"红"往往提示皮肤血管性疾病，伴或不伴面部灼热、焦虑、睡眠障碍等不适，严重困扰患者的生活。

1.临床上常见的"红皮肤"疾病有哪些？

临床上常见的"红皮肤"疾病主要有以下几种（图1-4-1）。

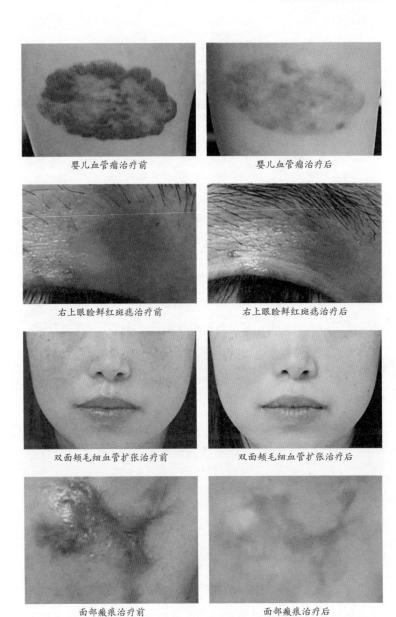

婴儿血管瘤治疗前

婴儿血管瘤治疗后

右上眼睑鲜红斑痣治疗前

右上眼睑鲜红斑痣治疗后

双面颊毛细血管扩张治疗前

双面颊毛细血管扩张治疗后

面部瘢痕治疗前

面部瘢痕治疗后

图1-4-1 染料激光治疗血管性疾病前后对照图

①鲜红斑痣：又名葡萄酒色素斑，是一种良性、先天性毛细血管扩张畸形。常在出生时或出生后不久出现，表现为鲜红色、暗红色或紫红色素斑片。随着年龄进展，逐渐出现皮损增厚、结节状改变。

②婴儿血管瘤：是以血管内皮细胞异常增生为特点，发生在皮肤和软组织的良性肿瘤。生后3个月为早期增殖期，瘤体迅速增殖，明显隆起于皮肤表面，形成草莓状斑块或肿瘤。

③海绵状血管瘤：位于皮肤下方，表面隆起，呈蓝色，触之如面团样，可部分压缩。有时表面可为草莓状血管瘤，称为混合性毛细血管/海绵状血管瘤。

④毛细血管扩张：常见的面部红血丝、血管痣、毛细血管扩张型酒渣鼻、玫瑰痤疮属于此类。

此外，临床疗效观察表明，染料激光对瘢痕、痤疮亦具有较好的临床治疗效果。

2.染料激光是目前血管性疾病治疗的金标准，那么什么是染料激光？

染料激光，全名为脉冲染料激光，是指以染料为介质而产生的激光辐射。

染料激光的靶细胞为血红蛋白。当氧合血红蛋白吸收了激光的能量后，会产生局部的热效应，通过氧合血红蛋白传递给血管壁，导致血管壁内皮损伤，在血管内形成微小的栓子使血管凝固，从而达到封闭血管的效果。

1986年第一个临床运用的染料激光是585纳米染料激光。随着技术的更新换代，如今市面上的主流染料激光为595纳米染料激光及585纳米/1 064纳米双波长染料激光。

3.关于染料激光都有哪些常见问题？

问题一：染料激光治疗一次就能痊愈吗？

染料激光的治疗效果取决于患处血管的粗细以及部位的深浅，很难仅通过1次去掉。细的浅表血管通过1～2次的治疗是可以完全栓塞而不再形成发红的颜色变化，如果是比较粗大的血管及深部血管，必须经过3次甚至更多次的、反复的激光能量的作用，才会掐闭住。

问题二：治疗间隔要多久？治疗次数多吗？

每次治疗间隔一般为4～6周，治疗次数与疾病类型、严重程度、个人体质、激光治疗术后反应及恢复情况有关，请遵医嘱规律治疗。

问题三：染料激光治疗过程中痛吗？

因为外用麻醉药可能导致血管收缩，影响治疗效果，所以一般染料激光较少使用外用麻醉药，故在染料激光治疗过程中会有一定疼痛感，犹如橡皮筋弹到脸上的感觉。激光配置的冷却系统可在治疗中提供冷却，减轻疼痛。术后可立即使用冰袋、冷敷贴等缓解灼痛感。

问题四：染料激光治疗后皮肤反应有哪些？

局部皮肤会出现灼热、红肿、疼痛，颜色加深呈暗紫红色，是血管封闭、血细胞破裂导致，如同淤青，不需要担心，1~4周会逐渐淡化。部分患者可能出现小水疱，避免弄破疱壁，水疱可自行吸收结痂。少许患者在治疗后可能遗留轻微色素沉着，别担心，色素沉着可慢慢消退。当然了，有无紫癜跟选取的设备能量、脉宽等参数相关。

问题五：染料激光治疗后需要怎样护理？

治疗后当天建议反复多次局部冷敷，可使用医用冷敷贴帮助皮损恢复，保持清洁干燥，痂壳脱落前不能沾水，痂壳及紫癜消退的时间一般为7~14天，脱痂或者紫癜消退后才能正常洗脸护肤；建议术后1个月再使用清洁产品及彩妆。1个月之内避免食用辛辣热烫食物，可进食酱油等有色素食物，不会增加色素沉着风险。严格防晒，治疗区避免浴霸及其他取暖器直接照射。1个月内避免剧烈运动。

问题六：玫瑰痤疮/敏感性皮肤该打光子还是染料激光？

一般来说，只是大面积红斑的，建议优先选择光子治疗，覆盖面更大；有血丝的和光子治疗效果欠佳的可以考虑染料激光。

问题七：染料激光会伤害皮肤吗？

染料激光术后需要一定的恢复时间，但在护理得当的情况下，不会对皮肤造成太大的影响。

（廖金凤）

三、光动力治疗的"前世今生"是怎样的?

光动力治疗是目前热门的一种抗菌、抗肿瘤疗法。原理是光敏剂通过局部外用或者系统使用进入机体后,在治疗靶组织被特定波长的光照射而激发,发生光化学反应产生ROS,诱导靶组织细胞死亡或者调节组织功能,从而达到治疗效果。

近年来,随着组分单一的第二代光敏剂的开发和光源技术的发展,光动力治疗的基础研究和临床应用得到了深入和扩展,在肿瘤临床应用方面得到了进一步的发展,还广泛用于非肿瘤性疾病的治疗,并取得良好的效果。5-氨基酮戊酸(ALA)已经成为研究和临床应用的另一个热点。自1990年Kennedy等首次成功地将ALA光动力治疗用于临床,现该疗法已广泛用于临床治疗各种肿瘤及非肿瘤性疾病。其在临床上的应用前景十分可喜。ALA光动力治疗已经真正成为皮肤科收治的许多患者的一种整体治疗方法。应用ALA局部给药结合可见光辐照进行光动力治疗作为近年来兴起的一种异常增生性疾病消融新技术,已广泛应用于治疗各种体表肿瘤,如基底细胞癌、鳞状细胞癌、鲍恩病和光线性角化病等,同时亦用于妇科、消化道和泌尿系统等疾病的诊断和治疗。早在2000年,美国就批准了ALA光动力治疗用于光线性角化病、基底细胞癌等皮肤癌前病变和肿瘤的治疗。2007年ALA光动力治疗在中国获批用于尖锐湿疣的治疗,随后光动力治疗在我国迅速发展,拓宽了其应用范围,2015年发布了《氨基酮戊酸光动力疗法临床应用专家共识》，2021年又发布了《氨基酮戊酸光动力疗法皮肤科临床应用指南（2021版）》，为我们利用光动力更好地治疗皮肤病提供了依据。随着光动力治疗适应证越来越广泛，积累的循证医学证据越来越多，除了既往异常增生性皮肤病的应用，也用于光老化、扁平苔藓、硬化萎缩性苔藓、皮肤溃疡、玫瑰痤疮等新的领域。

另外，近年来，以另一种新型光敏剂"海姆泊芬"为基础的光动力治疗方法的成功开展，为临床治疗鲜红斑痣这种难治性皮肤病提供了一个有力的新方法。

经过近100年的发展，光动力治疗已经逐渐成为一种有效、安全的治疗方法，应用于多种皮肤病。与其他破坏性治疗方法相比，局部光动力治疗具有可选择性作用于靶组织而对正常组织几乎没有损伤的优势，可治疗大面积皮损而极少产生瘢痕等不良反应。

1. 哪些人不可以用光动力治疗？

①患有卟啉症或已知对卟啉过敏者。

②已知对光敏剂的任何一种成分过敏者。

③正在服用光敏药者。

④患有系统性红斑狼疮等有光敏症状疾病者。

2. 光动力治疗注意事项

①疼痛：疼痛是光动力治疗中的主要不良反应，所以对于年龄较大，或者有一定基础疾病的患者，一定要经过主管医生评价

治疗风险后，方可进行治疗，同时在治疗前或者治疗过程中采取一定的方法减轻患者疼痛。

②光动力治疗后数天内严格避免强光照射，比如户外紫外线以及室内浴霸等照射，如果必须暴露在强光下，请选择适当的遮挡物和防晒剂来减少光照影响。

③光动力治疗后可能会出现治疗区域潮红、水肿等症状持续数天，一般不需要处理，如果红肿明显，可常规采用冷水湿敷。治疗后可能出现皮肤干燥、脱皮，局部可以外用保湿剂缓解。

④在光动力治疗痤疮后可能会出现部分患者痤疮皮损加重，属于正常的过程，可以逐渐恢复。

⑤光动力治疗后可能会出现治疗部位色素沉着，一般在数月至半年左右可能慢慢消退。

⑥治疗期间不使用含果酸、维A酸、水杨酸等刺激性成分的护肤品或治疗药物。

⑦日常皮肤护理以保湿修复为主，避免去角质等。

⑧鲜红斑痣光动力治疗具有一定的特殊性，请与主管医生充分沟通后再决定是否选择治疗。

⑨光动力治疗属于医疗范畴，请到正规医院就诊治疗。

3.光动力治疗后不良反应的预防和处理

①局部皮肤潮红、肿胀：可给予局部冷敷、湿敷，减轻症状，必要时可给予外用金霉素眼膏保护创面或弱效激素药膏适当

减轻炎症反应。

②局部皮肤干燥、脱屑、结痂：给予外用保湿润肤剂缓解皮肤干燥、脱屑；外用金霉素眼膏，软化结痂，预防继发感染。

③局部皮肤色素沉着：色素沉着是临床中较为常见的治疗反应，治疗后避免强光照射，做好日常防晒，避免炎症后色素沉着的发生和加重。部分患者色素沉着发生后，为促进其较快消退，可在治疗结束后给予口服维生素C等，或在治疗结束一段时间后外用含有美白功效成分的功效性护肤品，或配合采用强脉冲光等进行治疗。

（刘伟）

四、绿宝石激光、红宝石激光，怎么会"傻傻分不清"？

绿宝石跟红宝石都是调Q激光，都是可以用来去色素的激光。

早在20世纪60年代，Leon Doldman就提出可将皮肤中的黑色素作为激光治疗的目标靶点。第一台红宝石激光在20世纪60年代即被推出，最初用于文身的治疗，之后，因为红宝石激光可以选择性地破坏皮肤中的色素，被渐渐应用在治疗其他色素增加性皮肤病中，并且获得比较理想的效果。1979年，美国联合公司推出了绿宝石激光，也可以选择性地破坏皮肤色素，作用的皮肤深度较红宝石激光更深，在消除绿色、黑色和紫癜样文身时，比红宝石激光更有效。

绿宝石激光、红宝石激光破坏皮肤色素的原理是选择性光热作用。现代激光美容治疗既强调有效性，更注重安全性。激光主要依靠热作用使目标组织有效破坏，但目标组织受热的同时会向周围传导热量，引起周围组织的损伤，因此，如何在治疗的同时使热传导减少到不致引起周围组织损伤的安全程度，是一个非常关键的问题。

选择性光热作用是1983年由Anderson R.R.和Parrish J.A.提出的，该理论即根据不同组织的生物学特性，只要选择合适的激光参数（波长、脉宽、能量），就可以保证在最有效治疗病变部位的同时，对周围正常组织的损伤最小。该理论实现了激光治疗的有效性和安全性的完美统一，是激光医学发展史上的里程碑和分水岭，按照这个理论设计的激光仪，可以真正做到"祛病不留痕"。

要实现选择性光热作用，必须满足三个重要条件：

1. 波长

波长与所针对的目标色基有关，就色素性疾病而言，黑色素吸收峰值在280～1 200纳米随波长增加而吸收减少。激光波长与激光的穿透力大小有关，波长越长，可以作用的病变部位越深。因此，对于浅表的色素性皮肤病，比如雀斑、雀斑样痣、咖啡斑，可选择波长较短的红宝石激光，对于在真皮层的色素性皮肤病，比如太田痣、褐青色痣，可选择波长较长的绿宝石激光。

2. 脉宽

脉宽需要持续足够宽才能引起目标色基被充分破坏，但应小于或等于目标色基的热弛豫时间。所谓热弛豫时间即目标色基通过热扩散自身温度降低一半所需的时间。脉宽越宽，热损失的范围越大，风险就越高。正如人们在日常生活中经常遇到的现象，如用手指快速接触一个烧热的锅，皮肤不会被烫伤，但如果接触时间稍长，就会烧伤皮肤。"火中取栗"可以不伤手，也全因为"取栗"的时间足够短暂。色素性疾病中的黑素颗粒非常小，其热弛豫时间仅为1微秒，即1 000纳秒。因此，治疗色素性疾病激光脉宽应为纳秒级，而红宝石激光和绿宝石激光则都在这个范围，是治疗色素性疾病的良好选择。

3. 能量

足够的激光能量是达到治疗目的的前提。实际临床使用激光治疗，医生会根据目标色基的性质、颜色深浅、大小程度以及治疗当时的反应来不断调试、修正激光治疗能量。能量过低，达不到治疗效果，而过高则可能损伤周围组织，形成瘢痕。

绿宝石激光跟红宝石激光都是调Q激光。调Q激光是一类采用Q开关技术调制后，释放出高能量密度、极短脉宽的激光。近年来，随着技术的进一步发展，调Q激光的脉宽缩短到皮秒级，也就是当下很火的皮秒激光，其中，755纳米的皮秒激光也是绿宝石激光。

绿宝石激光、红宝石激光的名字，是由这两种激光的介质决定的。通过绿宝石、红宝石，仪器可发出波长为755纳米、694纳米的激光，这些波长的激光容易被黑色素吸收，当能量足够，脉宽又达到纳秒或皮秒级的时候，就可以选择性地破坏皮肤里的黑素颗粒，从而达到祛除色素的目的。

绿宝石激光跟红宝石激光的差别就在于绿宝石激光发出的是755纳米的光，而红宝石发出的光为694纳米。红宝石激光的波长比绿宝石激光更短，作用深度也要浅一些，但更容易被黑色素吸收，因此694纳米的红宝石激光比755纳米的绿宝石激光更适合用于治疗位于皮肤浅表、颜色较浅或者难治性的色素性疾病，比如雀斑样痣、老年斑等。由于黑色素对694纳米红宝石激光的高吸收强度，使红宝石激光引起暂时性色素减退、瘢痕的发生率比绿宝石激光更高。

（毛玉洁）

五、火出银河系的"皮秒激光"究竟是什么？

1. "皮秒"治疗究竟是什么？它为什么能更好地治疗疾病？

当你第一次听到身边朋友接受了"皮秒"治疗时，可能会惊讶地问："皮秒"不是时间单位吗？是的，1皮秒等于1×10^{-12}

秒，而朋友接受的"皮秒"治疗全称是皮秒激光治疗。"皮秒激光"是指脉宽在皮秒级别的激光。这样的激光因脉宽很窄，可在瞬间实现极高的峰值功率，从而对靶色基产生光声作用（或光机械作用），将文身染料颗粒或黑素颗粒粉碎，目前市场上的皮秒激光主要有755纳米、532纳米及1 064纳米3种工作波长。此外，皮秒激光还可聚焦成间隔均匀的点阵光束，皮肤中黑色素或血红蛋白吸收能量后产生光分解效应，形成等离子体，等离子体继续高效吸收激光能量后不断扩展，在表皮或真皮层产生爆破现象导致空泡形成，这种现象称为激光诱导的光击穿（laser-induced optical breakdown，LIOB）。伴随着LIOB的发生，真皮中可出现新生胶原纤维和弹力纤维，从而改善皮肤老化及瘢痕。

2.皮秒激光与传统激光的区别是什么？

激光作用于皮肤组织产生的效应是其治疗的基础，包括生物刺激、光化学反应、光热效应等。俗话说"天下武功，唯快不破"，当脉宽达到皮秒级时，主要表现为光机械效应而不是单纯的光热效应，其瞬间产生的压力波导致靶组织爆破粉碎，形成气穴和气泡。与调Q激光相比，以光机械效应为主的皮秒激光能将靶组织分解成更细小的颗粒，更有利于巨噬细胞吞噬清除。此外，皮秒激光通过更低的能量密度崩解靶色基，且其脉宽远小于黑素小体的热弛豫时间，因而能够进一步限制对周围组织的热损伤，减少治疗次数，降低不良反应。因此，皮秒激光较调Q激光疗效更好，不良反应更小。同时，LIOB效应使点阵皮秒激光具有改善光老化和治疗痤疮凹陷性瘢痕的作用。相比于剥脱性点阵激光，皮秒激光不良反应更小，几乎没有误工期。

3.皮秒激光可以治疗哪些疾病？

皮秒激光器的脉冲输出模式有3种：小光斑高能量爆破，主要用于祛除文身和色素增生性皮肤病（雀斑、咖啡斑、太田痣等）的治疗；大光斑低能量扫描式照射，主要用于肤色、肤质的改善；点阵光斑扫描照射，主要用于浅表皱纹改善、毛孔缩小等皮肤年轻化治疗，并可改善瘢痕等。

现有研究显示皮秒激光对于雀斑、日光性雀斑样痣、咖啡斑、褐青色痣的治疗安全有效。与调Q激光相比，皮秒激光能减少太田痣治疗次数，并且降低炎症后色素沉着等不良反应的发生率。皮秒激光对几乎所有颜色的文身均有很好的祛除效果，而且多项观察表明皮秒激光对文身的治疗效果要优于调Q激光，并且治疗次数少、能量密度低、不良反应小。皮秒激光对于黑色、褐色、蓝黑色文身的清除效果较调Q激光更具优势，安全性更高。而对于彩色文身，已有临床研究证实皮秒激光能更有效地清除黄色、绿色、紫色和红色文身。755纳米绿宝石皮秒激光能通过衍射透镜阵列技术（diffractive lens array，DLA）实现非剥脱点阵模式，通过机械性振动波以及细胞因子的作用，促进真皮胶原纤维的再生，能改善皱纹、皮肤质地、色素斑等光老化问题。目前1 064纳米Nd：YAG皮秒激光和755纳米绿宝石皮秒激光均已用于黄褐斑、炎症后色素沉着、毛孔粗大的治疗，均有一定程度的疗效。

4.皮秒激光治疗后多长时间见效?

皮秒激光对于疾病治疗的效果取决于疾病分类、求美者年龄、皮肤类型，是否合并多种疾病等多种因素。大部分皮肤问题在1~2次治疗后能得到改善。目前的推荐治疗次数如下：文身3~6次，色素性疾病2~3次，光老化、黄褐斑、瘢痕等4~6次。治疗间隔时间大部分在4~12周，或根据主诊医生意见。

5.进行皮秒激光前后需要注意些什么?

建议治疗后即刻冰袋、冷喷间断局部降温或者面膜冷敷20分钟以缓解红斑及灼热等反应；治疗后至少1周避免可能造成感染或者刺激皮肤的行为，如去角质，使用含有维A酸、果酸或者其他刺激性成分的保养品，剧烈运动或大量出汗等。治疗后1周内是否避水或能否用清水温和洁面需问询主诊医生，针对部分适应证，术后结痂属于正常现象，一般7天左右可自行脱落，切勿强行去除痂皮；术后注意保湿并严格防晒，避免使用刺激性护肤品，避免食用过度辛辣食物、烟酒等。

6.皮秒激光治疗的不良反应及防治策略

皮秒激光术后极少发生不良反应，但因其峰值功率较高，部分患者对治疗过程中的疼痛较敏感，可于术前局部涂抹局部麻醉

（简称局麻）药物。皮秒激光术后最常见的不良反应是炎症后色素沉着，且最多见于黄褐斑治疗之后，可在医生指导下使用含有抗氧化成分修复液改善，或给予对应修复、抗炎治疗。术后的红斑、水肿现象一般较轻，予以冷喷、冷敷面膜即可，必要时可予以冰敷。对于个别小水疱不必特殊处理，较大水疱应抽出疱液，保护创面并外用修复产品如表皮生长因子等。如有结痂，应尽量保护痂皮，脱痂后继续行修复治疗。

皮秒激光本身只是一种更新改进的光电技术，我们还需要更多的大规模临床研究证实其疗效及安全性。皮秒激光并不是治疗所有色素性或损容性疾病的万能钥匙或唯一手段，面对网络上铺天盖地的"宣传"和"种草"，我们务必要理性面对，在进行治疗前最好要到正规医疗机构咨询专科医生以制定精准有效的方案。

（王思宇）

六、关于射频抗衰老，你究竟知道多少？

衰老是一种自然现象。而抗衰老是长期的过程，永远不会晚，下文探讨大家交口称赞的抗衰老项目——射频抗衰老。

1.什么是射频抗衰老？

射频抗衰老是通过透热原理，造成靶组织的可逆性热损伤，启动组织的修复机制，包括胶原蛋白再生及其结构重建效应。

2.射频抗衰老的原理是什么？射频抗衰老安全吗？

射频抗衰老的原理主要是通过射频发出的电波穿透表皮，刺激皮肤的胶原蛋白再生，促进皮肤的弹力纤维合成，达到紧致皮肤的效果，起到抗衰老的作用。

射频治疗对面部皮肤通常是无创伤的，只是需要多次治疗才可以看出明显的效果，治疗的过程对面部皮肤会有一定的刺激，可能会出现局部红肿的现象，可以通过冰敷来缓解红肿，一般需要半个月左右的时间面部皮肤才会完全恢复。

3.射频抗衰老的常见类别

1）热玛吉

单极回路射频，射频由浅向深发射。对胶原组织有选择性加热作用，射频能量可以通过纤维隔传导，可以立体紧致皮肤。频率为6.87兆赫，穿透深度较深，热弥散可以到4.3毫米。可以用于身体的各个部位。

2）热拉提

频率为40.68兆赫，单极和双极发射器通过"波形压缩"及"相位移动"两个步骤，将射频能量精准聚焦在皮下特定深度，做到"精准加热""分层抗衰老"。

3）黄金微雕

黄金微雕是一种射频辅助吸脂设备，有侵入式双极射频，电流由内部电极流向表皮外部电极。热量聚集在两个电极之间，可以达到紧致、控温溶脂和平滑吸脂的作用，可以用于面部、颈部和身体。

4）黄金微针

侵入式双极射频，可以定位精准发射射频，针体有黄金白银绝缘包被，避免表皮烫伤。发挥微针、点阵、射频和透皮给药四种作用。主要用于面部年轻化和妊娠纹。

5）半岛超声炮

采用聚焦超声技术，利用换能器聚焦超声，在聚焦区域产生热能进行无创治疗的能量源，使胶原蛋白达到较理想的变形温度（60~70摄氏度）由内而外地收紧提拉皮肤，构建全新的胶原蛋白纤维网，以非侵入性方式达到紧致提升的效果。

6）Fotona 4D

核心是把铒激光波长为2 940纳米和长脉宽1 064纳米激光结合为一体，通过串脉冲技术间接加热，带动深层筋膜层收紧，加热皮肤和皮下组织等，刺激胶原蛋白增生，达到紧致提拉皮肤的效果。

7）5G-MAX

获得中国国家药品监督管理局（NMPA，原CFDA）和美国食品药品监督管理局（FDA）双重认证，拥有双波长1 064纳米/755纳米技术，多光斑及超长脉宽选择，激光能量可以更好地作用于皮肤组织内产生光热效应。5G-MAX的含义：5大治疗部位、5大治疗层次（图1-4-2）、5大抗衰老功效的最大化。

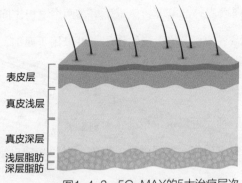

表皮层
真皮浅层
真皮深层
浅层脂肪
深层脂肪

图1-4-2　5G-MAX的5大治疗层次

射频抗衰项目各有千秋，可以单一侧重也可以联合使用。

4.射频抗衰老的适应证是什么?

1）抗衰老

射频可改善各类皱纹，包括鱼尾纹、眉间纹、额头纹、唇周纹、颈部皱纹等；并可改善皮肤弹性、紧致皮肤，包括面颈部、鼻唇沟、臂部、腰腹部等部位皮肤。

2）塑身减重（或称局部塑形）

这方面包括两项内容，一是要改善由于皮肤老化导致的皮肤松弛下垂；二是要解决局部脂肪堆积形成橘皮样外观。射频可同时改善这两种情形。

3）瘢痕祛除

射频抗衰老是通过透热原理，激活组织的修复机制，使瘢痕组织中陈旧胶原纤维松解，新生胶原纤维重新分布，从而达到修复瘢痕的成效。射频对增殖性瘢痕、萎缩性瘢痕、新生瘢痕、陈旧瘢痕等，均有一定的成效。

5.哪些群体不适合做射频抗衰老?

体内埋有金属器件，如起搏器等电子器械的周围禁止使用；孕期、哺乳期女性不宜；身体重要脏器、内分泌、凝血机制有问题者；有严重皮肤病等；儿童、癫痫患者；有严重瘢痕疙瘩者。

6.射频抗衰老多久做一次合适? 做完后什么时候起效?

通常而言，实际操作医生会依据每个患者的要求和总体目标，以及详细情况来决策人性化治疗过程，一般将脸部分为多个区域开展医治，每1次医治一个区域15~20分钟，一般1个疗程需要3~5次医治，每1次间距1个月左右。

做完射频抗衰老后1周开始，皮肤的弹性就有所改善，并且伴有明显可见的成效，但在3个月左右成效更加明显。

7.做完射频抗衰老治疗后要注意什么?

射频抗衰老治疗后可有暂时的红肿现象发生，多冷敷，一般在1~2天恢复，也有长达1周左右者；1周内不要接触过热刺激，如高温桑拿、做瑜伽等；注意保湿、修复、防晒；2周内不建议做激光、彩光等；饮食以清淡为主，忌食辛辣及其他刺激性食物和发物等。

（杨雁）

七、最近"风很大"的抗衰老明星——Fotona 4D值得"入手"吗?

你的脸上出现皱纹了吗?

爱美之心,人皆有之。随着人们生活水平的提高和科技的不断进步,我们对美丽的追求也不断提升,无创整形也悄然进入我们的生活。说到抗衰老,当下医美抗衰老项目中有一个不得不提的项目:Fotona 4D。

这个号称抗衰老效果与热玛吉媲美、欧美大牌明星推荐、"网红"博主纷纷"种草"的项目,效果真有这么好吗?

1.Fotona 4D是什么?

Fotona 4D属于无创类的医美抗衰老项目。它的功能比较全面:无论是松垮下垂脸,还是衰老出现的法令纹,又或是眼部周围有黑眼圈、细纹、眼袋等,使用Fotona 4D都有比较好的效果。而且它不仅适用于面部(含眼周的皮肤),还适用于颈部。

2. Fotona 4D的作用有哪些?

①改善轮廓:改善面部皮肤下垂、苹果肌下垂、嘴角下垂以收紧下颌线条、双下巴。

②祛纹除皱:祛除口周皱纹、木偶纹、法令纹、额头细纹、颈部松弛皱纹。

③改善眼周年轻化：改善眼周细纹、眼袋、黑眼圈、眼部皮肤松弛下垂。

④溶脂塑形：改善双下巴、面部脂肪堆积、蝴蝶袖、腰腹脂肪堆积，提升胸部。

⑤改善肤质：肤质紧致、缩小毛孔、亮白润泽。

3. 4D是指什么？

之所以叫4D，是因为它有四个模式。你可以选择全套模式，也可以有针对性地选择其中一个模式治疗，这就根据各自的需求来决定了。

1）4D模式一：Smooth模式无创收紧

4D独有的Smooth模式，采用2 940纳米激光，作用于筋膜层附近。它不是将激光作用在皮肤表面，而是在口腔内进行治疗。对口腔黏膜进行加热，温度可为60～65摄氏度。因为口腔黏膜最接近筋膜层，所以针对的是下面部的抗衰老治疗，如法令纹、木偶纹等。

2）4D模式二：Frac3模式嫩肤美白

这个模式是作用在真皮浅层，利用激光"爆破"堆积的色素，主要改善肤质、肤色和淡化晒斑、痘印、红血丝等，效果跟光子嫩肤很类似。

3）4D模式三：Piano模式深层加热溶脂

这个模式作用于真皮深层和皮下组织，通过热叠加，起到收紧提拉、溶脂塑形的作用。一般是用来改善双下巴、嘟嘟肉这类问题，在这个模式下总体是温温热热的感觉，算是四步中最舒服的一步。

4）4D模式四：Superficial模式微米焕肤

这个模式是一种微剥脱模式，也可以称为换肤模式，针对皮肤粗糙、淡化细纹、收缩毛孔等问题。这是四个模式里唯一需要恢复期的，在做完之后会出现轻微脱皮的现象。

不要听着"剥脱"二字就被吓到啦，相对于点阵激光这些医美项目，该微剥脱模式创伤较小，恢复也较快。但如果你的皮肤是敏感性皮肤或者耐受性较差的皮肤可以忽略这个模式。

4. 关于Fotona 4D，你是否还有这些问题

1）Fotona 4D治疗时会痛吗？

舒适无痛是Fotona 4D最大的优势之一，全程以温热感为主，像热敷一样，暖暖的比较舒服。

对于一些比较敏感的人，在做加强的时候可能会有刺刺的感觉，这种感觉非常轻微，哪怕不敷麻醉药，绝大多数人也可以接受。

2）Fotona 4D多久能看到效果？

Fotona 4D的治疗效果分为"即刻显效"和"长期持效"。

即刻显效：使用Fotona 4D治疗后因为皮肤胶原纤维受热即刻收缩而产生紧致感，这个时间会持续3天左右。

长期持效：分为两个阶段。

①新胶原蛋白生成期：在治疗后的3天至一个月，成纤维细胞会不断地产生新胶原蛋白，补充随着时间流逝的胶原蛋白。

②胶原蛋白巩固期：治疗后1～3个月，随着新胶原蛋白数量的增多，胶原蛋白的排列也变得更加致密，松弛的皮肤逐渐变得紧致，皮肤的光泽度和色泽度也大大改观。

3）Fotona 4D 面部做完1个疗程能维持多久?

临床证实一般1个疗程可以让皮肤的状态至少年轻2岁，效果较好的甚至可以年轻5岁以上。

Fotona 4D做一次就会有一次的治疗效果，当时呈现的效果只是胶原纤维即刻收缩的一个表现，胶原蛋白增生是需要一段时间的，所以，随着治疗次数的叠加，1个疗程后效果会更明显。

严格按照疗程方案治疗并做好护理后，效果可以维持1.5～2.0年，后期由于胶原蛋白会一直持续流失，所以效果会逐步减退，但不会一下子反弹到做之前的状态，可以继续治疗巩固效果。

4）Fotona 4D 为什么要从口内治疗? 从口内治疗会不会烫伤黏膜?

因为口内黏膜组织含高达90%的水分，2 940纳米波长是水吸收的最高峰值，可以最大化地将靶组织吸收的能量转化成热能，而黏膜组织最接近筋膜层，可以快速地将热能传导至筋膜层达到更佳的收紧效果。其中Smooth无创脉冲发射技术，是全球唯

——款可以通过口内黏膜组织进行抗衰老的技术，治疗时口内的温度基本维持在60～63摄氏度，是黏膜可以耐受的温度，不会烫伤黏膜。

5）Fotona 4D在做口内治疗时，如果打在牙齿上会不会损伤牙齿？

做Fotona 4D的医生都是经过专业培训的，一般不会打到牙齿上，而且Fotona 4D口内治疗模式是针对口腔内黏膜加热的，就算碰到了牙齿也只有热刺激引起的酸酸的感觉，不会对牙齿造成任何伤害。

6）Fotona 4D 跟热玛吉有什么区别？

（1）从抗衰老效果来看

热玛吉属于单极回路射频，主要作用于真皮层，能很好地刺激面颈及眼部胶原蛋白新生、收紧皮肤，让我们的轮廓更加清晰紧致。

Fotona 4D属于激光，四大特色模式分别作用于口腔黏膜、真皮浅层、真皮深层和皮下组织及皮肤表皮层，不仅可以紧实皮肤，还可以击碎黑素颗粒、溶解脂肪，同时改善多种衰老问题。

（2）从治疗感受来看

热玛吉的灼热感还是比较明显的，为了提高舒适度，我们一般会建议患者敷麻醉药，必要时配合口服止痛片。

Fotona 4D体验感会好很多，不用敷麻醉药，治疗全程温温热热很舒适，只是偶尔做加强时敏感的人会有微微刺刺的感觉。

（3）从疗程来看

根据皮肤衰老松弛情况以及个人需求的不同，热玛吉通常1年做1次，即刻效果显著，在治疗后6个月左右达到最好效果。

Fotona 4D单次治疗的即刻效果也比较显著，但需要巩固治疗才能维持比较长久稳定的抗衰老效果，一般会建议每年做3~6次，每次间隔1个月进行连续治疗。

总的来说，因为原理不同、作用层次不一样，针对不同的衰老问题，二者起到的抗衰老效果是1+1>2的。

7）Fotona 4D联合热玛吉治疗要间隔多久？

不管是先做过热玛吉还是先做过Fotona 4D，二者最短间隔时间是3天，当然最好能够间隔1个月，等皮肤恢复到一个更理想的状态再进行另一项治疗。

其实不仅仅是联合热玛吉，根据个人的抗衰老需求，Fotona 4D可以跟任何医美抗衰老项目联合，比如"玻尿酸"（即透明质酸）注射、肉毒毒素、超皮秒、线雕、光子嫩肤、水光针、黄金微针等。

8）眼袋、泪沟和卧蚕如何区分，通过Fotona 4D来治疗的效果怎么样？

眼袋分松弛型、脂肪型和混合型的，年轻人的眼袋通常以脂肪型居多，年龄稍大的则以松弛型或者混合型居多，一般情况下可以通过用手按压的方式来判断，脂肪型的弹性会比较好一些。Fotona 4D治疗眼袋时，在效果上松弛型眼袋的即刻效果会比较明显，脂肪型眼袋会由于脂肪代谢需要时间，其治疗的次数和时间也相对较多，即刻效果会因人而异，治疗后的效果会逐渐显现。

泪沟属于软组织的缺失和移位，与眼袋比，会有明显的凹陷，眼袋会有明显的脂肪凸起。泪沟通常也伴随着不同程度的松弛，Fotona 4D可以起到改善泪沟松弛的作用。

卧蚕属于眼轮匝肌肥大造成的，从现代审美观的角度这种无须治疗。但是通常随着年龄的增长，卧蚕慢慢由于松弛的问题会伴随着眼袋的逐步凸显，这种情况可以通过Fotona 4D来改善或者预防眼袋的出现。

9）Fotona 4D的治疗时间越长越好吗？治疗时间太短会不会没有效果？

Fotona 4D治疗的时间长短，主要取决于以下几个因素：

（1）想通过Fotona 4D达到的效果

如果只是做紧致提升，那么治疗的时间就相对比较短，因为Fotona 4D 通过能量的输入让胶原蛋白即刻收缩，然后能量可以刺激局部组织再生修复，这个步骤的治疗时间就会短一些；如果需要有溶脂的效果，皮肤局部的温度就要维持在43～45摄氏度一段时间，所以整体的治疗时间就会变长。Fotona 4D 的治疗时间与你想要达到的治疗效果息息相关。

（2）医生选择能量的大小

在同样四种模式下，有的求美者的皮肤耐受性好，医生可以选择更高的能量治疗，相对达到效果的时间就会短一些，但有的求美者皮肤耐受性较弱，这样的情况医生就会相应地降低能量，满足求美者对舒适度的需要，同时，治疗的时间就会相对延长。

（3）医生选择激光发射的频率

在相同的能量、相同时间下，激光发射的频率越高，治疗时间就会越短，但在治疗中也是非常考验医生技术的，如果局部停留时间过长就会有一定的热烫感。

所以说，Fotona 4D的治疗时间取决于多种因素，全面部抗衰老治疗的时间一般为30～50分钟，如果有需要加强的部位或者是需扩大治疗范围，治疗时间是可以适当延长的。

10）Fotona 4D 治疗前后需要注意啥?

跟其他激光治疗项目一样，Fotona 4D治疗完即刻皮肤可能会有轻微泛红、水肿、热感、干燥等现象，这些都是正常的，一般2小时后会缓解。

特别要注意防晒，涂抹防晒系数较高的产品，结合遮阳镜、遮阳帽、遮阳伞等物理防晒手段。

治疗后可温和清洁护肤，3～7天要注意减少对皮肤的刺激与揉搓，避免使用去角质的产品，同时加强补水，可以在医生指导下使用医用修复面膜。

如果进行了剥脱治疗，治疗当天尽量避免碰水，第2天可温和护肤。

（林新瑜）

八、黄金微针能使皮肤迎来"黄金时代"吗?

1.什么是"黄金微针"?

黄金微针是一种侵入式点阵射频,当射频电流经人体通过组织时,可导致靶组织产生各种生物化学反应,并且产生一种反向的温度梯度,使表皮下方的组织的温度升高比表皮更明显,导致深层皮肤甚至皮下组织的柱状加热和收紧,并保护表层以防止热损伤,从而达到相对选择性治疗的目的。

为了模拟类似于点阵激光的点阵加热模式,将双极射频电极进行矩阵式排列,也可在皮肤上形成矩阵式的微小加热区域,这种射频技术也叫为点阵射频。常用设备如eMatrix 点阵射频、黄金微针、INFINI 聚焦射频。点阵射频又分为非侵入式点阵射频和侵入式点阵射频。黄金微针属于侵入式点阵射频,由微针的探头、射频的能量与飞梭激光的分段式技术设计组成。在临床上通过刺入皮肤来完成一般射频所达不到的深度调节。黄金微针的治疗可以有效地控制电流在皮肤里面的深度,达到比较深层的治疗目的,同时,又由于点阵技术的存在,对组织的损伤相对比较轻,对表皮的影响比较小。黄金微针主要作用在真皮深层,所产生的热能可以直接刺激皮肤胶原蛋白再生和收缩,紧致皮肤。

2.黄金微针可以用来干什么?

①使皮肤年轻化(包括嫩肤、除皱、紧致等):黄金微针主

要作用在真皮深层，所产生的热能可以直接刺激皮肤胶原蛋白再生和收缩，可使皮肤细纹减少，更加紧致。同时微针造成了无数非手术小口，启动了皮肤的损伤修复功能，毛孔收缩，皮肤更加细嫩白皙。

②治疗痤疮及痤疮瘢痕：射频能降低感觉神经的兴奋性，降低肌肉和结缔组织的张力，从而达到软化瘢痕组织的作用，同时也有解痉镇痛的效果。

③淡化萎缩纹：黄金微针对出现萎缩纹处皮肤进行处理，可以选择性地使弹力纤维收缩，使皮肤恢复紧致，帮助萎缩纹淡化。

④溶脂塑形：黄金微针作用于脂肪层，射频溶解脂肪，与此同时，作用于真皮层的外电极会产生高热激发人体皮肤的自我修复功能，带动皮下的胶原蛋白增生，使溶脂部位皮肤紧致。

⑤治疗腋臭：在腋臭特殊部位做黄金微针，能够使大汗腺萎缩坏死。

3.哪些情况不能做黄金微针？

①带有任何活性植入物（如心脏起搏器、心脏支架）的患者。

②在文身表面或永久性植入物上治疗者。

③有严重的疾病，如糖尿病、充血性心脏病、癫痫和其他精神疾病、活动性感染等。

④皮肤表面严重不平整，影响治疗部位，如开放性创伤和较大的瘢痕。皮肤有过敏现象或其他炎性皮肤病。

⑤治疗区有皮肤癌或疑似病灶者。

⑥治疗部位手术和需要4个月清除周期的换肤手术者。

⑦免疫抑制类疾病，如人类免疫缺陷病毒（HIV）感染者，或接受免疫抑制治疗者。

⑧有出血性凝血病史或使用抗凝血药物者。

⑨有瘢痕疙瘩史、皮肤萎缩症或伤口愈合能力低下者。

⑩对射频耦合剂过敏者。

⑪妊娠或哺乳期。

4.做了黄金微针该注意什么?

①黄金微针治疗后1~2小时皮肤会有发热的现象，可以使用无菌冷敷面膜来降低灼热感，2~3小时灼热感就会消失；治疗后24小时内不可以洗脸。

②黄金微针治疗后要注意防晒，术后1周内可先物理防晒，之后进行户外活动时可搽防晒霜等；治疗后1周内每天喷涂重组人表皮生长因子外用溶液，使用无菌修复补水面膜等，禁止使用含果酸、维A酸、乙醇等刺激性成分的护肤品。

③治疗后2周禁止揉搓面部皮肤；禁止洗桑拿、游泳及剧烈出汗的运动，洗脸水温不宜过高；术后适当调整饮食结构，清淡饮食，作息规律。

（穰真）

九、超声炮真的能分层抗衰老吗?

1. 什么是超声炮?

超声炮是半岛公司出品的一种聚焦超声波,通过聚焦点产生足够的热量,在人体组织(筋膜层、浅脂肪层、真皮层)产生凝固点后进行针对性的治疗。半岛超声炮采用微点聚焦和大焦域的方式,利用超声波能量精准加热皮下SMAS筋膜层、浅脂肪层、真皮层,热能让筋膜收紧,令老化的胶原蛋白收缩,并刺激胶原蛋白增生和重组,快速紧致皮肤,解决皮肤衰老导致的松弛、下垂、皱纹等问题。

超声深层抗衰老是利用高强度聚焦式超声波,作用于皮下深层,超声的穿透深度和精准度较高。它不伤害皮肤表面的同时作用于皮肤真皮层、筋膜层,刺激胶原蛋白的增生与重组,可以起到收紧轮廓、除皱紧肤的作用。超声深层抗衰老治疗后可以化妆,完全不影响正常工作和社交。

2.超声炮适应证有哪些?

主要有面颈部皮肤松弛、下垂、皱纹,如嘟嘟肉、双下巴、眼尾下垂、嘴角下垂、法令纹、木偶纹、鱼尾纹、抬头纹、颈纹等。

3. 相比较传统的超声抗衰老,半岛超声炮的优势有哪些?

(1)分层抗衰老

半岛超声炮由两种类型、三个深度的治疗头实现SMAS筋膜层、浅脂肪层、真皮层精准的分层抗衰老。

（2）安全舒适

独创大焦域及滑动扫描技术，组织叠加升温到60～70摄氏度，不产生凝固变性点，不形成瘢痕粘连，确保安全和治疗过程舒适。

（3）疗效显著

半岛超声炮做完即刻有效，3～6个月效果更佳。

（4）无痛无创

在治疗过程中不损伤表皮，没有痛感，且即做即走，没有恢复期。

（5）全面覆盖

独创滑动扫描治疗手柄，轻松完成眼周、唇周、法令纹、颈部等精细部位的治疗。

4. 术后护理该注意什么呢?

①保湿：术后注意皮肤的保湿补水，建议使用保湿喷雾、补水面膜等。

②护肤：术后第1周，使用的护肤品应无刺激性，建议不使用彩妆。

③防晒：术后需注意防晒护理。

5. 治疗注意事项有哪些?

治疗后即刻可能出现丘疹或红斑，根据皮肤反应状态可进行冰敷或敷冷却面膜，很快即可消退。若治疗部位出现触痛或酸胀感，属正常现象，3天后即可消退。怀孕、严重心脏病、糖尿病、皮肤表面有破损、正在过敏期等人群不宜进行此操作。

（李娟）

第五章
皮肤美容治疗

一、中胚层疗法（美塑治疗法）能带给爱美的你什么呢？

近年来，美容护肤领域炒得很火热的项目——中胚层疗法到底是什么呢？

1.中胚层疗法的原理是怎样的？

中胚层是一个组织概念，是指胚胎发育中由中胚层（原肠胚于妊娠第2周在结构上分为外胚层、中胚层和内胚层）分化而来的组织，而中胚层疗法是一种给药方式，指将药物注射进入皮内、皮下结缔组织（筋膜、脂肪）、肌肉等中胚层衍生的组织中的疗法。

皮肤是人体最大的器官，皮肤屏障可以保护身体免受过多水分流失，抵御病原体和减少来自外界的刺激。与此同时，对一些好的成分，它也自作主张一并替我们拦下了，常规使用的护肤品，直接涂抹在皮肤上，经皮吸收的量非常有限。

中胚层疗法可以开通从表皮进入中胚层的通道，让营养成分充分被吸收。水光针、微针都是中胚层疗法。

你，

是不是天天补水，还是觉得皮肤干？

涂抹护肤品不吸收、卡粉？

毛孔粗大、细纹……

其实，90%以上的皮肤问题都与"缺水"有关！

所以，补水和保湿很关键！它就像整个大楼的框架一样，美白、防晒、抗衰老等是在皮肤水分充盈的基础上进行的，一旦水分流失，各种各样的皮肤问题都会找上门来！

2.什么是水光针？

1）水光针的定义

通过水光仪器或者手针注射，将营养物质或各种药物直接注射到真皮层或皮下层，达到补充水分、营养皮肤、改善光泽、减轻皱纹、延缓衰老等效果。因注射后能让皮肤变得水水嫩嫩的，故而被称为"水光"，又因其是用针注射进皮肤，所以称为"水光针"。

2）水光针的分类

目前，主要有手工和电子注射两种方法。

（1）手工注射水光针

简称手针，通过使用不同型号针管、针头注射，注射的深度、药物量等都由人掌控，将有效成分注射入真皮层或皮下层，可针对细纹、色素斑等需要重点改善的部位进行注射，针对性更强。但是疼痛也更明显。

（2）电子注射水光针

使用电子水光仪，通过设定电脑参数，利用循环负压吸起皮肤，同时多个空心微针刺入皮肤特定层次，注入营养物质或药物。这种方法注射效率高且操作效果稳定，另外痛感也会轻一些。

3）水光针的作用

1毫升透明质酸可以保存1升的水，而水光针就是向皮肤深层补充透明质酸，因此补水效果好，且保湿效果较久，令皮肤水润光泽。加入肉毒毒素、维生素C等营养成分，还具有收缩毛孔、减少油脂分泌、美白、抗氧化、促进胶原蛋白合成等作用。

3.什么是微针治疗？

1）微针治疗的定义

微针治疗是利用微细针状器械对皮肤软组织实施机械性或物理性、微创损伤刺激，以期获得治疗或美容作用的医疗技术；可同步或分步给予药品或功效性成分，借助于微针提高其透皮/吸收效率，从而增强治疗或美容功效。

2）微针的分类及作用

不同的微针，在适用范围和部位上有所区别，需要医生根据求美者的具体需求和皮肤状况决定。目前临床中常用的有滚轮微针、射频微针及单晶硅纳米微针。

（1）滚轮微针

利用滚轴驱动滚轮，滚轮镶嵌特定长度、排列有序的细小微针，施以一定压力的滚轮微针在皮肤上滚动过程中制造有序、均匀微创通道，使有效药物或功效性成分导入皮肤组织，同时启动损伤修复和再生效应，发挥微针治疗的积极作用。

（2）射频微针

如黄金射频微针，利用单个或众多有序排列的微针作为电极，通过微针的针尖或者针体，将射频能量精确作用于不同深度的靶组织，直接将射频能量导入需要作用的组织层面，达到对治疗靶位的热刺激作用，引起组织的即刻收缩，促进真皮及胶原蛋白重组再生，改善细胞外基质，达到皮肤紧致提升的效果。

（3）单晶硅纳米微针

利用纳米雕刻技术，在单晶硅表面形成针体点阵阵列，利用针体纳米级触肤点，可以在皮肤表面形成有效透皮给药通道，直达皮肤靶目标层，起到安全有效促进功效性成分经皮渗透的作用。

4.水光针和微针的区别是什么？

说了这么多，那水光针和微针到底有什么区别呢？

两者主要的区别就是作用的皮肤层次不一样，水光针的原理是用注射的方法把小分子透明质酸打到真皮层，实现真正的"深层补水"。

而微针是通过嵌装微细针头在皮肤表面打开数量较多的微通

道，在皮肤不同深处形成0.07~0.25毫米宽度的微细通道，通过细微通道渗透导入有效药物，并同时刺激真皮层，通过皮肤的自愈能力，促进胶原蛋白合成。

5. 水光针/微针适应证

水光针和微针的作用非常广泛，目前已被广泛用于以下情况：

①皮肤老化和亚健康状态：包括但不限于皮肤老化松弛、皱纹、皮肤暗沉、毛孔粗大、敏感性皮肤等。

②损容性皮肤病：黄褐斑、炎症后色素沉着、寻常痤疮（粉刺、痤疮后红斑、痤疮后色素沉着、痤疮后瘢痕等）、玫瑰痤疮、激素依赖性皮炎、脱发（雄激素性秃发、斑秃等）等。

③各类原因引起的皮肤萎缩纹（妊娠纹、膨胀纹）、萎缩性增生性瘢痕，如烧伤后瘢痕以及术后或外伤后瘢痕等。

6.关于水光针/微针，你是否有这些问题

1）人人都适合做水光针或微针吗？

不是所有人都适合，有以下情况，建议就不要进行水光针/微针治疗啦！

①伴有糖尿病、恶性肿瘤等严重系统性疾病者。

②注射部位存在开放性创面或活动性皮肤感染者。

③对注射成分或麻醉剂中任一成分过敏者。

④注射部位有皮肤病，并且处于急性期或进展期（如活动性痤疮、急性湿疹、接触性皮炎、急性特应性皮炎、银屑病等炎性

疾病，白癜风等）。

⑤孕妇及哺乳期妇女。

⑥正在使用抗凝剂、活血剂者，至少停用1周后方可接受治疗。

⑦患心理障碍及精神疾病者。

2）水光针/微针治疗后应该注意哪些护理问题？

①多饮水，忌烟酒、辛辣及其他刺激性食物。

②术后24小时后可沾水，每天使用修复面膜，避免皮肤干燥，同时做好防晒。

③术后1周内不要在治疗部位进行按摩，避免暴露在高温或寒冷环境下，如日光暴晒、桑拿，避免剧烈运动。

④术后1周内不画彩妆，勿使用刺激性大的产品。

⑤有问题及时和医生沟通联系。

3）打1次水光针/微针，永久有效吗？

不是！

打完水光针或做完微针后，一般7～10天就能看到皮肤的改善效果。但不是说，打1次就永久有效啦。为了保证治疗效果，建议按疗程注射，具体情况建议面诊咨询医生哟。

4）停止治疗后，皮肤会变得更差吗？

不会！

一般治疗后，随着注射物质的代谢，可能会感到效果不如刚做完时好，这是正常的，但皮肤不会因为停打而变得比以前更差。皮肤的好坏，除了皮肤本身，还取决于个人身体其他状况。

5）水光针/微针有副作用吗？

传说中的"脸变僵""会变老""狂爆痘"等问题，一般在正规医院的治疗中很难遇到。但是，水光针或者微针毕竟是要"微小破皮"进入皮肤，会有淤青、过敏、红肿甚至感染等风险，所以在这里要提醒大家，在打之前一定要和医生仔细沟通、仔细了解风险，选择正规医疗机构、有资质的医护人员来进行治疗。

（林新瑜）

二、水光针注射后要注意什么？

1.水光针注射后多久能洗脸和化妆？

在注射水光针后的24小时内，面部皮肤是不可以沾水的，必要时则可以用生理盐水轻轻擦拭面部。在48小时内，皮肤如果出现发红发烫的现象，则需要及时给皮肤降温，建议用纱布蘸取生理盐水后进行湿敷，平均每半小时1次，直到症状消失。

3天后可以用温和洁面乳清洁皮肤。护肤重点在晚上，洁面乳可以直接抹在脸上。抹在脸上的厚度一定要厚，3~5毫米厚，然后保持10分钟，用温热水把它洗掉，接着搽保湿修复乳3遍，再用保湿修复霜连用3层。早上起来就清水洗脸，再用修复乳、保湿乳。治疗后1周内，避免化妆，避免涂抹含刺激性成分的护肤品。最后，重要的事情一定要说三遍，严格防晒！严格防晒！严格防晒！

2.注射水光针后可能出现爆痘?

少部分人打完水光针后可能出现爆痘,可能是因为水光针刺入的机械刺激导致毛囊皮脂腺导管的损伤,营养成分的补给造成了毛囊皮脂腺导管的堵塞,产生了粉刺;如果面部本身痤疮在急性炎症期,在消毒不彻底及没有注意避开炎症部位的情况下会导致痤疮丙酸杆菌的播散;此外,皮肤受外界刺激可能继发了免疫应激反应。这些都可能导致爆痘。如果出现类似情况,不必紧张,可到医院找专业医生进行相关处理。

3.涂抹水光、无针水光和水光针有什么区别?

水光针是医疗美容项目,利用真空负压技术,把透明质酸等保湿养分直接注射到皮肤深层,从肌底处有效改善真皮层缺水干燥,让皮肤快速补充水分。无针水光运用气压将保湿营养液喷射渗透入皮肤基底层,补充皮肤水分,过程中无创无痛,但大部分营养成分是没有到达真皮层的,所以相对来说它的效果和持续时间也相对较短,不如水光针的效果好。涂抹水光是水光针的简化版,它是将透明质酸的保湿精华装在针管包装,直接涂在脸上,方便快捷,但这些营养成分大多不具备渗透到皮肤基底层的能力,其实就是类似平时用的保湿精华。

从补水效果与维持时间看:水光针>无针水光>涂抹水光。从价格上看:水光针>无针水光>涂抹水光。

4.水光针有依赖性吗?

需要明白的是水光针注射并不会有依赖性,所以,并不存在停用后皮肤就变差这个问题。水光针是日常护肤品以外的一种保养方法,可以帮助皮肤增强补水,加强营养。

打过水光针之后,皮肤的透明质酸含量上升,皮肤基底变得更好,此时做好日常保养,你会发现肤质好了很多。但如果疏于保养,皮肤还是会慢慢地变差。

（吴明君）

三、什么是化学换肤?

1.化学换肤的定义

化学换肤是通过对皮肤产生可控性的损伤,使表皮部分或全部破坏,刺激胶原蛋白重组,从而可以帮助改善光老化、皱纹、色素异常及瘢痕。目前化学换肤已成为一种快速、安全、有效的临床治疗手段,得到了广泛应用。

2.化学换肤的分类有哪些?

①极浅层化学换肤,非常轻微,只到棘细胞层的深度。

②浅层化学换肤,轻微,会影响到整个表皮层。

③中层化学换肤,会影响到真皮网状层上部。

④深层化学换肤,会影响到真皮网状层中部。

3.浅层化学换肤有什么作用呢?

浅层化学换肤是目前临床上最常使用的化学换肤,适用于表皮或真皮浅层的皮肤病,例如痤疮、黄褐斑、皮肤光老化、角化性疾病、雀斑、毛孔粗大、轻度皮肤瘢痕及皮肤细纹等;浅层化学换肤也适用于预防和延缓皮肤衰老。

4.常用的浅层化学换肤试剂有哪些?

①果酸:是浅层换肤中最常用的成分,能调整角质化,同时具有保湿、抗氧化能力。由于在换肤后并不会造成很明显的外观变化,所以也被称为"午休换肤术"。

②水杨酸:可单独局部外用或用作化学换肤液成分,它有去角质作用,而且它有高亲脂性,具有溶解毛孔内角质的作用,所以在临床上用于寻常痤疮的治疗。除了用于寻常痤疮的治疗,也适用于玫瑰痤疮、黄褐斑、炎症后色素沉着、雀斑、轻度至中度的光老化现象及肤质粗糙。水杨酸换肤几乎可以在所有皮肤类别中使用。

5.化学换肤适合你吗?

1)化学换肤适合人群

有痘痘肌毛孔粗大、皮肤老化、黄褐斑等色素增加性皮肤病,以及浅表性瘢痕等的人群。

2)化学换肤不适合人群

对所要使用化学试剂过敏、目前剥脱部位有过敏性皮炎、目前面部有细菌或病毒感染性皮肤病（如单纯疱疹、寻常疣）、有免疫缺陷性疾病、近期做过手术（有正在愈合的伤口）、近期局部接受过放射治疗（简称放疗）、对光防护不够或有日晒伤的人群，以及妊娠妇女。

6.化学换肤后如何护理?

治疗完成后建议即刻使用修复类面膜冷敷修复；治疗后加强保湿润肤，充分补水，建议治疗后3天内，每天使用修复类面膜1次，之后隔天使用1次，同时可配合外用修复类药物或护肤品加快屏障修复；治疗后严格防晒，以物理防晒（如戴遮阳帽、打遮阳伞、戴口罩等）为主，避免进食光敏性食物（芹菜、韭菜、菌类、海鲜、热带水果、野菜等）及含卤料的食物和烟熏类食物；治疗后3天内避免化妆；治疗后避免进食甜食、油腻、辛辣及其他刺激性食物；治疗后可能出现红斑、红肿、脱屑等，一般1周内消退，医生会根据情况开具相关医嘱或药物，促进皮肤尽早恢复。

7.化学换肤会不会破坏皮肤屏障?

不同浓度化学换肤试剂有不同的作用。以2%的低浓度水杨酸为例，它能够刺激角质层形成，对皮肤屏障有修复作用。而30%的水杨酸有剥脱作用，刚开始的一段时间会使皮肤屏障功能下降，因此需要加强保湿润肤，严格防晒，同时可配合外用修复类药物或护肤品加快屏障修复。但长期来看，它会将你的角质层调理得更健康。

8.化学换肤多久1次比较合适?

化学换肤常需要连续多次治疗来达到较好效果。根据皮肤问题与需求的不同,疗程长短有较大差异。一般情况下化学换肤间隔时间为2~4周,每次换肤时根据上次的治疗反应决定是否提高浓度或延长时间。一般4~6次治疗为1个疗程。

(李颖)

四、溶脂针是什么?

随着人民生活水平的不断提高,人们对美的追求也越来越高,从整体外形的改变逐渐到身体局部细微的变化,从整体减肥到局部塑形。双下巴、蝙蝠袖、富贵包、副乳怎么办?医美行业的快速发展,推动了溶脂针的到来。

1.什么叫溶脂针? 溶脂针的成分和作用是什么?

溶脂针是由磷脂酰胆碱、生理盐水、利多卡因、碳酸氢钠、肾上腺素等以一定比例配制而成。溶脂针的主要成分是磷脂酰胆碱,从大豆中萃取,为细胞膜的组成成分,在临床上用来治疗脂肪栓,消除血液中的甘油三酯,降低胆固醇水平和溶解脂肪瘤。

目前新一代溶脂针不仅仅是单一配方的磷脂酰胆碱,还含有其余两种成分:透明质酸和类胰岛素生长因子-1。透明质酸以它惊人的抗衰老和保湿功效被FDA所认可。类胰岛素生长因子-1作用于肌肉组织，确保无脂肪储存，同时也消耗堆积脂肪。三者相互作用，既能溶解脂肪，又能维护皮肤紧致和年轻态肤质。

溶脂针注射到脂肪层，能够有效促进顽固脂肪层膨胀分解，从而使脂肪更易分解为脂肪酸，加速脂肪的新陈代谢，将脂肪降解吸收，同时更可收紧、上提皮肤。

2.打溶脂针安全吗？国内能打溶脂针吗？

溶脂针是目前非手术局部减肥较为安全、有效的方法。

2015年Belkyra溶脂针成为第一款通过澳大利亚药品管理局（TGA）和FDA认证的首个用于美容目的、效果安全的溶脂针，随后，瑞典医疗产品管理局（SMPA）支持批准Belkyra溶脂针用于中度至重度双下巴成年人。虽然国外已经非常流行打溶脂针瘦身了，在中国，溶脂针也没有被明令禁止使用，但是溶脂针一直未获NMPA批准。目前，溶脂针在中国市场品种繁多，虽然在民营医院或医美机构已经使用多年，评价良好，且没有特别严重的副作用报道，但仍需谨慎使用。

3.溶脂针适合哪些人群？

溶脂针适用于年龄段为20～65岁的人群；局部肥胖不想忍受手术之苦者；有抽脂禁忌证的患者；面积较小的脂肪囤积，经运动饮食控制无法消除者；抽脂后皮肤表面不平整的矫正；面部轮廓，即脸颊、下颚、鼻唇部、双下巴、颈部等雕塑修饰；躯体，如臀部肥胖，大腿内外侧肥胖，臀部下垂，腹部脂肪堆积，肩、上臂、手背和足部的脂肪堆积；脂肪团的治疗，如臀部、大腿的脂肪团（改善橘皮组织）；非手术祛除体表脂肪瘤。

4.溶脂针与瘦脸针、吸脂、脂肪移植有什么不同?

瘦脸针实质上就是采用肉毒毒素注射肥大的咬肌，从而使咬肌体积变小，达到瘦脸的效果。面部的溶脂针只是加速面部注射区域的局部脂肪代谢，缩小脂肪细胞，从而达到瘦脸的效果。溶脂针适合局部整形，使局部的脂肪细胞新陈代谢加速，将脂肪降解吸收，同时更可收紧、上提皮肤，其目的为局部的美体塑形。吸脂只是单纯祛除脂肪，向躯体注入膨胀液，让脂肪细胞水肿、膨胀，通过负压吸引的方法，把膨胀水肿的细胞强行吸出。术后患者体形臃肿，皮肤明显淤紫、松弛、有凹凸不平现象，并且活动明显受限。吸脂液里的主要成分是生理盐水和普通麻醉药。脂肪移植是利用大腿外侧及腹部脂肪抽吸离心后，再根据每个美容亚单位的需求量进行填充注射，可以获得更为持久的填充效果。

5.溶脂针多久注射1次?

溶脂针多久注射1次要依据个人的维持时间而定。在正常情况下，溶脂针的效果能够维持3～24个月，这就需要在溶脂针完全失效前再次进行注射以维持溶脂针效果。因此一般需要在首次注射后的3～6个月再次接受溶脂针注射。

首次注射溶脂针，溶脂效果开始发挥出来，再次注射的溶脂效果更显著，其后的注射可起到巩固维持作用，因此溶脂针一般需要注射3次或3次以上。

6.打溶脂针容易"反弹"吗?

打溶脂针不易反弹。因为"溶脂"疗法减的是脂肪，不是水分，注射溶脂针能够构架一个新的平衡网，供机体保持一个健康的平衡状态。

7.打溶脂针需要运动节食吗? 肥胖者全身都可以打溶脂针吗?

打溶脂针不需要额外加大运动量，也不需要节食。但是，保持良好的心态，规律的生活作息，健康适度的运动和饮食，可以延长溶脂针的效果。

打溶脂针的目的是局部的美体塑形，不适用于肥胖者的全身减肥。全身肥胖的患者应该在合理的饮食加运动的基础上，排除基础疾病，考虑其他医学减肥方法，例如缩胃手术、吸脂手术等。

8.打溶脂针需要穿塑身衣吗? 影响生育吗?

打溶脂针后不需要穿塑身衣。注射溶脂针对女性的生育功能是没有影响的，但是对于短期内有生育打算的女性，则不建议采用注射溶脂针的方式整形，以免对胎儿有不良影响；而已经采取了注射溶脂针的女性朋友，则最好在半年后再开始生育计划。

9.溶脂针注射后需要注意什么?

注射部位可能会发生红肿现象, 可适当冰敷进行缓解; 24小时内不要沾水或污染伤口, 局部不要使用化妆品或护肤品, 尽量保持皮肤的洁净; 1周内不要剧烈活动; 1周内禁烟酒, 不吃海鲜类、辛辣及其他刺激性食物, 不要暴饮暴食; 遵医嘱定期随访。

(杨雁)

第六章

毛发疾病

一、掉发、脱发都是病吗？

随着时代的快速发展，生活节奏日益加快，人们的压力越来越大，脱发已成为普遍关注的问题。权威数据显示，我国超2.5亿人正遭受脱发困扰，30岁以下人群占比达脱发总人口的69.8%，相较2017年，2021年数据显示90后脱发人群比例提高了3.2个百分点，达到了39.3%。脱发是头发脱落的现象，有生理性及病理性之分。正常脱落的都是处于退行期及休止期的毛发，进入退行期与新进入生长期的毛发不断处于动态平衡，因此正常人能够维持正常数量的头发。头发异常或过度脱落的原因很多，并与种族、性别、年龄和遗传等因素有关。

掉发和脱发是两个概念，掉发是我们正常的生理现象，只有异常或过度脱发才有可能患上了某种脱发性疾病。我们的头发生长分为三个阶段，分别是生长期、休止期以及退行期，人的毛囊处于周期循环当中。一个正常成年人约有10万根头发，处于休止期的头发每天自然掉落50~100根完全是正常现象，只有对比自己之前的掉发量有明显增多，才有可能患上了病理性脱发。因为头发要比你想象的更加"坚强"，脱发并不是你多洗了、多吹了几次头就会轻易出现。

在日常生活中，有一些简单的方法可以帮助我们判断是否脱发，比如最简单的拉发测试，3天不洗头后用手指抓住一撮头发的根部，轻轻一拉，观察手上头发数量，重复数次。若每次手上只有2~3根头发，说明正常；若每次都超过6根，则有脱发的危险。一旦怀疑自己有脱发可能，应及时到正规医院咨询专科医生，通过完善皮肤镜（毛发镜）等检查后，由医生来判断是否为真的脱发。

（巩毓刚）

二、"鬼剃头"究竟是什么呢?

在2021年热播电影《你好，李焕英》中，女排队员桂香一夜间头顶秃了一块，"秃然"而至，对于一个二十多岁的姑娘来说是"不能忍"的。"鬼剃头"到底是什么？在现实生活中如果遇到，该怎么办呢？这种脱发的症状来得非常突然，毫无预警，可能睡了一觉醒来头上就多了几块斑状秃发区，就像头上打了几块光滑的补丁，轻到只是秃几块，严重到极端情况完全有可能头发全部掉光，甚至眉毛、腋毛、阴毛、胡须都会脱落，因此民间也称为"鬼剃头"，足见人们对其的畏怯心理，其实它的标准医学病名叫作斑秃（图1-6-1）。

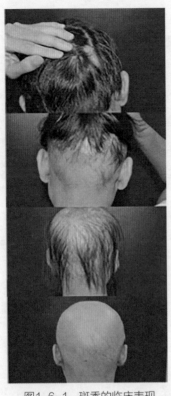

图1-6-1　斑秃的临床表现

斑秃可发生在任何年龄段、任何部位（体毛也在斑秃的影响范围内）。斑秃具有复发性，有不少斑秃患者会在恢复几个月或数年后再次出现斑秃，并且部分人发现会比第一次秃得更多、更快，甚至有不少人干脆进入了"斑秃—恢复—再斑秃—再恢复……"的循环中。斑秃目前认为是一种自身免疫性疾病，免疫细胞攻击毛囊中的细胞，直至其凋亡，斑秃就发生了，但究竟是什么原因导致免疫细胞的攻击行为，对此暂无定论。除此之外，科学家还发现斑秃与遗传、精神压力、睡眠及应激等有关系。

虽然现在还没有快速治愈斑秃的方案，但依然有一些治疗方法能够促使头发重新生长出来，常见的治疗方法为糖皮质激素局部涂抹，也可以局部注射或者系统用药，对于重症顽固性斑秃也推荐使用JAK激酶抑制剂和二苯环丙烯酮（DPCP）局部免疫疗法治疗，斑秃治疗前后对比见图1-6-2。此外，及时调整精神状态、改善睡眠、保持心情愉悦也非常重要。

（巩毓刚）

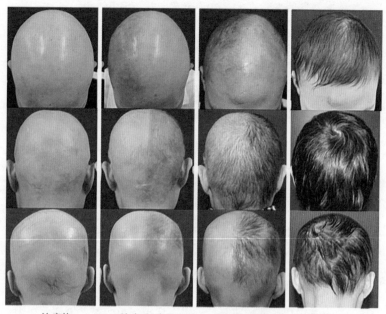

| 治疗前 | 治疗后3个月 | 治疗后4个月 | 治疗后7个月 |

图1-6-2　斑秃治疗前后对比

三、脂溢性脱发（雄激素性脱发）是什么?

脂溢性脱发的标准医学名叫作雄激素性脱发，是以头顶部毛发进行性减少为特征的临床上最常见的一种脱发，占所有脱发类型的90%～95%。目前"绝顶（谢顶）"危机是世界问题，严重影响患者心理及生活质量。

雄激素性脱发常在20～30岁发病，男女均可发生，50%以上的雄激素性脱发患者有家族史。近年来，发病年龄呈低龄化趋势，可能与生活环境和饮食习惯的改变有关。雄激素性脱发发病的原因是在遗传背景下，前额及顶部头皮毛乳头中5α-还原酶活性高于毛囊其他结构，流经头皮的睾酮经5α-还原酶转化为DHT，DHT抑制毛乳头细胞增殖，诱导毛乳头细胞凋亡，使毛囊发生萎缩和退化。50%以上的雄激素性脱发家族有类似的患者，也就是说这个病具有家族遗传倾向，具有遗传易感性，但目前为止只是发现了一些易感基因，尚没有找到致病基因。

男性脱发初期表现为前额两侧头发逐渐变得纤细而稀疏，发际线后退（M型），并逐渐向头顶发展，头顶同时也可发生脱发，严重者仅在枕部和两侧耳朵上方保留少量头发，俗称"地中海"（图1-6-3）；脱发的同时往往伴随头皮油脂分泌旺盛。女性体内雄激素分泌较少，因此脱发症状也相对较轻，表现为头顶部头发稀疏，发缝逐渐变宽，类似圣诞树样改变，但前额发际线位置基本不变或略有后退；脱发处仍有终毛和毳毛存在，并不会完全显露头皮；同样伴随头皮油脂分泌旺盛。

雄激素性脱发一般通过临床表现和皮肤镜（毛发镜）即可明确诊断，女性如果合并痤疮、多毛症、停经或男性化，还应进行性激素和卵巢超声检查以排除有无多囊卵巢综合征。在治疗上，男性雄激素性脱发可口服1毫克非那雄胺、外用5%米诺地尔等，女性可口服螺内酯、外用2%米诺地尔等，中重度患者还可以在

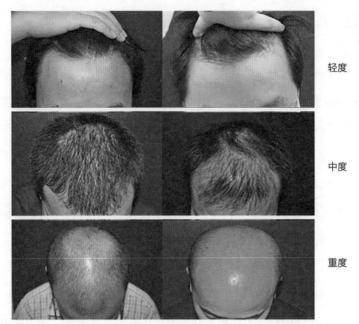

轻度

中度

重度

图1-6-3 雄激素性脱发临床表现及严重程度分级

保守治疗基础上根据个体情况选择微针（中胚层）、富血小板血浆（PRP）/浓缩生长因子（CGF）头皮注射、低能量激光或毛发移植等。需要强调的是植发并不能治愈脱发，只是移植的枕部毛囊有不受雄激素影响的特性，不会再脱落，但头顶的原生发仍会继续脱落，所以，植发后仍然建议继续用药，以维持原毛发的生长。

（巩毓刚）

四、在日常生活中应该如何护理我们的头皮和毛发呢?

随着社会经济水平的提高,大家日益重视自己的毛发,毛发健康的前提是均衡饮食并正确洗护,养成良好的生活习惯,保持心情舒畅。

洗发水就是个生活用品,最重要的作用是清洁,把头皮、头发丝洗干净。防脱、治脱的前提是先弄清楚脱发的原因。引起脱发的原因有很多种,可能是缺乏微量元素,也可能是免疫性疾病(甲状腺疾病、系统性红斑狼疮等)引发,实际上,目前绝大部分脱发患者都是之前讲到的雄激素引起的脱发。因此,通过洗发、护发产品来防脱是不可取的,它们对于扭转脱发并没有根本性的效果。

关于洗护频率,如果头皮偏油建议每天或者隔天一洗,此时可以选择一些偏控油的功效性洗发水;如果头皮偏干建议2~3天一洗,总之洗头频率没有硬性的规定,只要选择适合你头皮类型的洗护方式即可,且在洗头时注意洗发水尽量先搓出泡沫再上头,洗发后使用护发素帮助毛鳞片恢复排列,洗头后自然吹干或吹风机吹干均可,但使用吹风机注意距离和温度要适中,吹至八成干即可。

除了洗护方面,黑芝麻、淘米水、生姜等种种民间偏方,多数并没有经过严谨的科学验证,想要迎回昔日的秀发,解决我们的"头等大事",拯救"绝顶"危机,还得在日常生活中做到早睡早起、均衡饮食,保持良好心态,并及时到皮肤科脱发门诊接受正规治疗。

(巩毓刚)

下篇

皮肤外科
与美容手术

皮肤外科概论

一、皮肤外科是看什么病的?

寻常百姓经常听说"皮肤科""皮肤性病科",似乎很少人听说"皮肤外科"这个词。"皮肤外科"是个什么专业,都看什么病,用什么方式治疗呢?

首先要说,所谓"内科""外科"并不是说疾病发生在体内还是体表。一般传统意义上讲,"内科"是通过口服、输液、打针、外用药物等方式对疾病进行治疗。"外科"是使用手术等有创的方式对各种疾病进行治疗,尤其是对异常肿物进行清除。

不过,随着医学技术的不断发展,内科向外科不断扩展,外科微创化等相互交叉融合,在治疗学上,内外科交叉越来越多。传统内科也开始使用有创的治疗方案,外科也越来越多地应用无创或者微创的治疗手段。简单来说,皮肤外科既是皮肤科的一个重要亚专业,也可以认为是整形外科、激光医学、美容医学的交叉融合。

二、皮肤外科可以治疗哪些疾病呢?

首先,从范围来看,人体面积最大的器官——皮肤属于皮肤外科的范畴。皮肤外科学的诊治范围包括发生在人体体被系统的各种影响身心健康的疾病,以及改善容貌、延缓皮肤衰老等医美相关内容。

从狭义来讲,皮肤外科学属于皮肤科学范畴,主要工作包括皮肤良恶性肿瘤的诊断和治疗、处理皮肤的创伤和炎症、活组织取材、恢复和改善某些皮肤功能异常及纠正某些美容上的缺陷等;从广义来讲,皮肤外科学是一门以医学、美学理论为指导,以有创、无创以及微创技术为主要手段开展手术和非手术治疗 [物理方法(如激光、光子、电外科、射频、超声波、冷冻等),化学方法(如药物疗法、中胚层疗法等)] 来对皮肤及体表器官进行修复重建,从而达到修复、维护和塑造人体皮肤的健美状态,增进人身心健康及美感的科学。

皮肤外科具体诊疗手段多种多样(图2-1-1),如切除术、皮肤移植术、皮肤磨削术、皮肤扩张术、激光技术、电外科、毛发移植术、化学换肤术、Mohs显微描记技术、脂肪吸取术、组织修补术及静脉手术等。具体实施范围包括:各种良恶性肿瘤,如表皮肿瘤与囊肿、皮肤附件肿瘤、血管瘤等;各种常见原因引起的瘢痕,如皮肤外伤后的瘢痕、各种增生性瘢痕、病理性瘢痕疙瘩、瘢痕性脱发和脱眉、酒渣鼻和痤疮遗留的瘢痕及

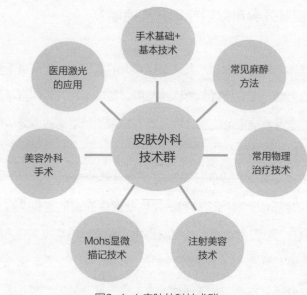

图2-1-1 皮肤外科技术群

不恰当手术造成的瘢痕等；一些粉尘染色、毁容性文身及美容手术的后遗症；给患者带来严重精神压抑的腋臭、多毛症等。

此外，对皮肤形态外观和结构上的瑕疵、缺陷的处置也常是皮肤外科的实施范围，如皮肤的老化松弛、皮下脂肪堆积、单睑、鞍鼻和雀斑等；还有目前一些难治性、顽固性皮肤病，如静脉曲张综合征、先天性色素痣、坏疽性脓皮病及丝虫病引起的象皮肿等，均需要通过外科手段才能得到根治。

在接下来的内容里，我们就将通过问答的方式跟大家聊聊这些内容。

（戴耕武　杨镓宁）

第二章

"胎记"与皮肤肿瘤

一、"胎记"是什么？

日常生活中，我们经常听到"胎记"这种说法。老百姓口中的"胎记"，似乎各有不同，有黑、红、蓝、肉色等，有些和周围皮肤一样平整，有些比周围皮肤高，有些则深入皮下组织。实际上，我们可以把婴儿出生时所有与周围正常皮肤不一样的皮肤表面组织都叫作"胎记"。

所以，所谓的"胎记"，实际上并不完全相同。接下来我们就来看看它们都是什么，有没有危害性，以及该如何处理。

1. "黑色胎记"

"胎记"最为常见的是各种黑色的斑片。其实，"黑色胎记"绝大多数都是先天性色素痣，也就是我们通常所说的"痣"。色素痣又称细胞痣、黑素细胞痣、痣细胞痣，本身是良性的，一般分为交界痣、皮内痣、混合痣，全身各部位均可发生。大多数色素痣仅影响美观，少数经紫外线照射、摩擦等不良因素刺激有恶变可能。
先天性色素痣可以很小，
如针尖样大小；也可以很
大，覆盖全身绝大多数区
域。图2-2-1为手部先天
性色素痣。

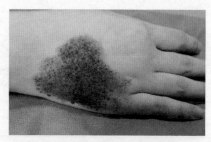

图2-2-1　手部先天性色素痣

因为绝大多数先天性色素痣都是良性的，且在东亚黄色人种
中恶变概率非常低。所以绝大多数情况下，如果色素痣按身体发
育比例逐渐增大也是正常情况，并非必须治疗。可以对恶变概率
相对较高的皮肤黏膜交界部位及足底、手掌、外阴等部位的色素
痣加以定期观察。如果出于美容目的，根据色素痣类型、部位和
大小，可选择激光或手术等方法规范治疗。

2. "红色胎记"

"红色胎记"绝大多数是血管性疾病，包括皮肤血管瘤和
血管畸形，是婴幼儿发病
率最高的皮肤血管病变（图
2-2-2）。传统的形态学分
类方法将血管瘤和血管畸形
统称为"血管瘤"，并分为
鲜红斑痣、草莓状血管瘤、
海绵状血管瘤、蔓状血管瘤

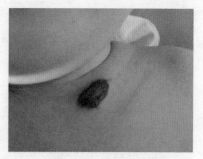

图2-2-2　婴幼儿血管瘤

等。约半数的血管瘤发生在头颈部，25%出现在躯干，也常常被称为"天使之吻"。

早期血管瘤可表现为擦伤样皮肤，或血管扩张样斑片，甚至表现为色素减退斑。随着病情的发展，浅表型婴幼儿血管瘤可发展为局限鲜红色隆起样斑块或结节，有的呈穹隆状，触之柔软，按压后可使红色部分消退。深部血管瘤表现为肤色或蓝色的肿块，挤压后体积可缩小，皮损颜色可由于哭闹、活动或肢体承重（如发生于下肢的血管瘤）而加深。婴幼儿血管瘤有可能自然消退，也有可能逐渐增大。虽然一般不影响身体健康发育，但因为可能严重影响美观，所以也需要密切关注。早期可以随访观察，也可以使用噻吗洛尔滴眼液外敷、激素和抗肿瘤药物注射、口服药物、染料激光或者浅层X线放疗等，对于较深的实体瘤还可以考虑手术切除。

3. "蓝色胎记"

"蓝色胎记"大多是色素性的"蒙古斑"、蓝痣（又称良性间叶黑色素瘤）、太田痣，以及前面提到的血管性疾病——深部血管瘤。

"蒙古斑"不是蒙古人长的斑，只是多见于我们东亚黄色人种，是婴幼儿臀部、骶部及其他部位皮肤所呈现的灰蓝色色素斑（图2-2-3），在其他人种中出现率较低。这种色素斑大多随年龄增长而逐渐消失，仅少数人保存到成年期。

蓝痣，顾名思义，是蓝色的色素痣（图2-2-4），也多发于儿童期。早期为丘疹，可发展为圆形或椭圆形小结或斑片，直径为2～6毫米，呈蓝色、蓝灰色、蓝黑色，质硬，高出皮面，生长甚慢，边界清楚，与表皮粘连。主要发生在手背、足背和前臂伸侧及面部，多单发。蓝痣颜色较深，恶变概率相对稍高，可以随访观察，如果从美观和彻底祛除病变风险考虑，应手术切除。

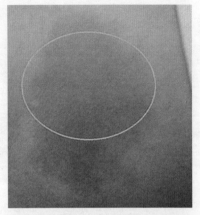

图2-2-3 蒙古斑

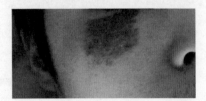

图2-2-4 蓝痣

太田痣多见于女性，也是我们东亚黄色人种常见的疾病，因为是日本医生太田首次系统描述，故称太田痣。约50%是先天的，其余出现在10岁以后。主要是皮肤的真皮层内有过多可能来自局部神经组织的黑素细胞。

太田痣多发生于一侧面部，为褐色、青灰色、青蓝色的斑片或斑点（图2-2-5），严重者可发生于面部双侧、巩膜。患者一般无任何不适，不会自行消退。除影响美观外，多数对身体健康没有影响。少数严重患者色素斑面积会逐渐扩大，累及巩膜，出现眼

压升高而发生青光眼。治疗
主要在于解决皮损对面部外
观的影响，达到美容要求，
调Q激光治疗是最佳手段。

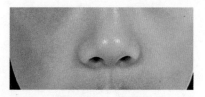

图2-2-5 太田痣

4. 突出体表的"肉色胎记"

突出体表的"肉色胎记"大多为两种，一种为皮脂腺痣
（图2-2-6），一种为疣状表皮痣（图2-2-7）。两者都突出皮
肤表面，凹凸不平。在后面的问题中会详细解答它们的差异和
治疗方法。

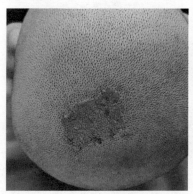

图2-2-6 皮脂腺痣

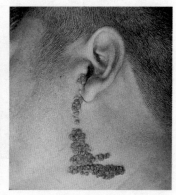

图2-2-7 疣状表皮痣

（杨镓宁）

二、"痣"有哪些种类？

我们每个人从出生开始都会长痣，有些长在脸上，有些长在胳膊、大腿上，还有一些长在隐秘部位；颜色有黑色、咖啡色、褐色等；少的几颗，多的几十颗，小的只有针尖、绿豆大小，大的有鸡蛋、鹅蛋大小，甚至还有一部分可以覆盖我们肢体的巨大色素痣；有的呈扁平状，有的高于皮肤（图2-2-8，图2-2-9）。大部分痣都会乖乖地待在原位或缓慢增大，我们称其为"好痣"；但是，还有极小部分的"坏痣"，一旦出现，恶变成黑色素瘤的风险非常大。

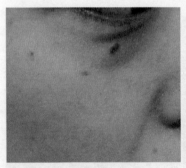 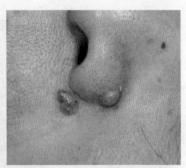

图2-2-8　扁平的色素痣　　　　图2-2-9　凸起的色素痣

色素痣通常位于真皮浅层，根据色素细胞在皮肤的分布位置不同，色素痣可以分为交界痣、混合痣、皮内痣三种类型（图2-2-10）。

交界痣：直径几毫米到几厘米，为深浅不同的褐色素斑，

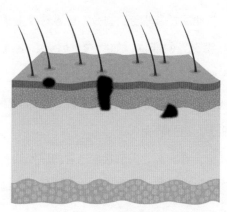

图2-2-10　色素痣的类型

位于表皮下部或邻近真皮处。一般平滑、无毛，扁平或略高起皮面，可发生于身体任何部位，发生于掌跖及生殖器部位的常属这一类。

混合痣：外观类似交界痣，更高起皮面，有时有毛发穿出。

皮内痣：为成年人最常见的一类，最常见于头颈部，呈半球形损害的丘疹或结节，也可呈乳头瘤样或有蒂损害。直径几毫米到几厘米，边缘规则，呈深浅不一的褐色，一般不增大。表现为毛痣者多见于成年人的头皮、面颈部，直径一般小于1厘米。

（雷华）

三、 哪些部位的痣需要警惕？

①容易被摩擦的部位，如手掌、足底、腋窝、腹股沟、腰周

等部位的痣，长期反复摩擦受到刺激，更容易发生恶变。

②皮肤黏膜交界的部位，如睑缘、唇缘、生殖器等部位的痣，容易发生恶变。

③容易被日光晒到的部位，例如头皮、颈部的痣，长期阳光暴晒，也可能引起痣的病变。

④外伤部位，有一部分黑色素瘤患者的原发灶有外伤史，如针刺伤、摔伤、挤压伤等。外伤后受伤部位的色素细胞在修复过程中出现了细胞恶变。

1.那么我们一般根据什么来判断一颗痣的良恶性呢？

以下五点可以帮助我们判断。

一看形态：将色素痣一分为二，看看两侧的大小、形状是否相同。恶性色素痣不对称，而良性色素痣对称。

二看边缘：恶性色素痣的边缘不整齐或有锯齿形状等，不像良性色素痣那样具有光滑的圆形或椭圆形轮廓。

三看颜色：良性色素痣通常为单色，均匀。若同一个色素痣的颜色不均匀，深浅不一或者有多种颜色，如红色、褐色、棕色、灰色、蓝色、黑色甚至白色等，一般为恶性色素痣。

四看直径：色素痣直径大于6厘米一般为恶性色素痣。

五看进展：如果痣近期突然增大、发炎、颜色加深，突然频繁出现瘙痒或疼痛，突然发生破溃、渗液、出血、糜烂、溃疡；在原来色素痣的周边出现多颗小痣（卫星状），要考虑恶变的可能。黑痣恶变与毛发没有直接关系，但是痣上的毛发突然脱落反而要警惕恶变。

痣良恶性的初步判断见图2-2-11。

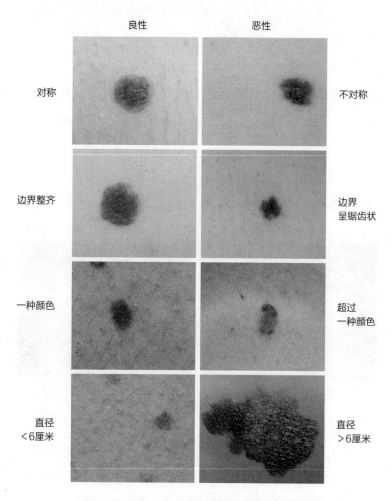

图2-2-11　痣的良恶性初步判断

2.还有一些你以为的"痣"，其实可能不是痣

有一些看起来很像"痣"，但它们都不是痣，而是另外一种皮肤癌——基底细胞癌，需要我们重视。

基底细胞癌是向表皮或附属器分化的低度恶性肿瘤，是最常见的皮肤癌（图2-2-12、图2-2-13）。

基底细胞癌长什么样子？和色素痣有什么区别？

色素痣多发生于30岁以前，基底细胞癌发生年龄比较大，多见于50岁以上的老年人。基底细胞癌好发于头皮、面部等暴露部位，早期可表现为正常肤色、红色或黑褐色等的小结节，表面光滑，形状像色素痣，常常被误认为是色素痣，后期可出现破溃、出血、溃疡、硬化性斑块、浅表色素性皮肤损害等。

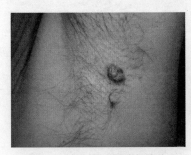 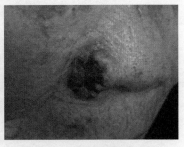

图2-2-12 腋下基底细胞癌 　　　　图2-2-13 鼻部基底细胞癌

3."痣"需不需要治疗？

绝大部分的色素痣通常不需要处理，但对于有些位于面部的痣，出于美容需要，想要祛除，一定要到正规医院就诊。或者一些有恶变风险，如先天性巨大色素痣发生恶变的危险性比一般色素痣高，因此可以选择在宝宝较大时进行治疗。还有不知道"痣"是不是色素痣的朋友们，建议及时到医院皮肤科门诊检查处理。

4. "痣"怎么治疗？

目前对于色素痣较为有效、安全的方法是激光祛除和手术切除。皮损较浅表，且皮损较小，可以选择激光祛除；对于面积较大、位于摩擦部位、有恶变倾向的痣，建议手术切除。

（雷华）

四、该怎么祛除那些形形色色的"痣"？

经常会遇到患者说：脸上的色素痣太多了，像麻子一样难看，想祛除。那么能祛除吗？

答案自然是肯定的。色素痣的祛除方式目前主要是手术切除和激光祛除两种方式。应该根据色素痣的大小、深浅、部位、类型等决定祛除的方式。

1. 哪些色素痣可以用激光祛除？

常常有患者因面部色素痣影响美观而就诊要求祛除。面部色素痣大多数可以通过激光祛除。对于面部直径小于2毫米、未凸起于皮肤表面、浅褐色及没有疼痛、瘙痒等症状的色素痣可以通过激光祛除。

2. 怎样判断色素痣的深浅呢？

色素痣中最浅的是交界痣，其次混合痣，最深的是皮内痣。从色素痣的颜色也可以大致判断痣的深浅。一般褐色或棕色的痣较浅，蓝色、黑色、蓝黑色的痣较深。

3. 哪些色素痣需要手术切除？

①从部位来说：容易受摩擦的部位（如手掌、足底、腰周、腋窝、腹股沟等部位）、皮肤黏膜交界的部位（比如睑缘、唇缘、生殖器等）、肢端部位（比如甲下、手指指腹、足趾趾腹等）的色素痣，建议尽早手术切除，切下的标本送病理检查可以明确其性质。

②从大小来说：直径大于3毫米且凸起于皮肤表面的色素痣，激光祛除后易留下较大创面，建议手术切除。

③从深浅来说，蓝痣、皮内痣和复合痣，激光祛除后容易复发，建议手术切除。

面积较小的色素痣切除后创面可以直接缝合；面积较大的色素痣，常采用分次切除或局部皮瓣修复。考虑美观问题，术后可采用美容缝合技术和术后配合瘢痕防治措施。

4. 从小就长的色素痣需要祛除吗？

以色素痣出现的时间对色素痣进行分类：出生6个月内长的

色素痣称为先天性色素痣。出生6个月后长的色素痣称为后天性色素痣。先天性色素痣根据皮损直径可以分为巨型先天性色素痣（皮损直径≥20厘米）、中型先天性色素痣（皮损直径≥1.5厘米且＜20厘米）、小型先天性色素痣（皮损直径＜1.5厘米）。先天性色素痣的深度与皮损大小、病程密切相关。皮损深度与大小、病程成正比。先天性色素痣的深度还与皮损的部位有关，面部最浅，四肢次之，躯干最深。部分先天性色素痣术中可见皮损深达脂肪，甚至肌肉表面。综上可见，中型、巨型先天性色素痣不适合激光祛除，建议及早手术切除。对于小型先天性色素痣应根据部位、大小、深度等情况，科学地选择适宜的祛除方案。

5. 蓝痣是色素痣吗？

蓝痣是一种特殊的色素痣，较少见，是由真皮内异常黑素细胞聚集而产生的。典型表现为蓝色、灰蓝色、蓝黑色坚实的丘疹、结节或斑片，皮肤镜下可见蓝色均匀的无结构区。蓝痣分为普通型蓝痣、细胞型蓝痣和联合型蓝痣。蓝痣有恶变可能。蓝痣直径小于1厘米、稳定多年无变化者，可不治疗。如果直径大于1厘米、近期突然出现或原有蓝痣增大者，均应手术切除，且切除的深度应达皮下脂肪。

6. Spitz痣是色素痣吗？怎么祛除？

Spitz痣是色素痣，又称良性幼年黑色素瘤，由梭形痣细胞或上皮样痣细胞聚集而产生，是复合痣的一种异型，罕见。多见于儿童，好发于头颈和四肢部位。持续多年后常发展为皮内痣。主要表现为单发半球形皮肤粉红色或红褐色结节。Spitz痣的治疗以手术切除为主，且切除范围应适当扩大，切缘距离皮损边缘2~3毫米为宜。

7. 色素痣祛除后会复发吗？

在通常情况下，激光祛除的色素痣有复发可能。手术切除的色素痣复发概率比较低。手术切除的标本都应送病理检查，一是可以判断色素痣的类型、良恶性，二是可以判断皮损边缘、基底是否有痣细胞残留。

（张芬）

五、是不是所有的色素痣都可以用激光祛除？

激光"点痣"无疑是现在比较流行的祛痣方法，但是不是所有的痣都可以用激光祛除呢？

激光祛痣通常只适用于直径在2毫米以下、不突出皮面的色素痣。相对于手术，激光祛痣具有出血少、操作简单、手术时间短、愈合时间快、术后不易留下瘢痕、不需要缝合、价格便宜、护理简便等优势，是治疗小型色素痣的首选。激光祛痣痂壳脱落前一定要注意"四防"：防雨、防汗、防水、防晒（面部）。激光祛痣后一定不要随意搔抓，以免引起发炎或感染，进而导致瘢痕或色素沉着的生成；不要吃辛辣及其他刺激性食物；注意休息。

激光祛痣的缺点是有可能祛除不彻底，在局部遗留坑状的瘢痕或者色素沉着斑，以至色素脱失。

如果激光祛除一次去不干净，建议3个月后复诊，根据复发的形状、大小决定是否继续采用激光治疗或者改为手术治疗，如果第二次祛痣后仍有复发，证明局部黑素细胞非常活跃，建议大家不要再次尝试激光祛除，因为它有可能诱发痣的恶变，尤其是手掌和足底高危部位的痣，建议尽量采取手术治疗，不要使用激光治疗。

（陈明辉）

六、做了激光治疗该怎么护理？

激光治疗可简单地分为无创和有创两大类。无创激光治疗包括光子嫩肤、皮秒嫩肤、治疗黄褐斑的调Q 1 064纳米激光、点阵红宝石激光、激光脱毛、非剥脱点阵激光等。有创激光治疗主要为剥脱性点阵激光，如点阵激光（2 940纳米铒激光、CO_2激光）、调Q类激光（755纳米、532纳米、1 064纳米）、微针射频等。

激光治疗可有针对性地改善多种皮肤问题，如美白嫩肤、祛斑祛痣、淡化痘印、收缩毛孔、紧致抗衰老等，而术后正确地修复受损的皮肤屏障、减少激光术后并发症、做好护理是获得最佳效果的保障。

1. 那么激光治疗后的护理原则是什么呢?

1)减少术后并发症

激光治疗后,皮肤局部温度升高,即刻进行冷敷,其目的一是使皮肤降温,防止皮肤灼伤;二是治疗后皮肤屏障受损,可能出现渗血、水肿等情况,即刻进行冷敷,可最大限度地减少红斑、肿胀及舒缓疼痛、避免色素沉着。根据治疗项目及个人皮肤状况,采取活泉水、水凝胶降温面膜、含透明质酸的保湿面膜、胶原蛋白面膜或冰袋等冷敷15~30分钟,适当涂抹含神经酰胺、透明质酸、表皮生长因子等的皮肤屏障修复凝胶。

2)预防感染

有创激光会导致皮肤破损,创面需要7~10天愈合,在此期间需要保持创面干燥、清洁,避免感染。可选用抗生素软膏预防感染、表皮生长因子促进愈合。

3)保湿补水

在激光治疗过程中,因激光的光热效应,表皮水分明显流失,皮肤的水合作用降低,治疗后需连续7天外用医用面膜及外涂无菌医用修复乳霜。

4)加强防晒

激光治疗后可能产生色素沉着,必须做好严格防晒,避免加重色素沉着。术后6个月内避免在太阳下直接暴晒，出门尽量涂抹防晒霜、打遮阳伞、戴遮阳帽。

5）日常护理

2周内不可按摩、熏蒸、药浴。若皮肤红肿较重，可外涂软性激素药膏3天，服非甾体类抗炎药。注意清淡饮食，忌烟酒，避免摄入海鲜、辛辣及其他刺激性食物；忌光敏性食物（如芹菜、韭菜、香菜等）和光敏性药品（如磺胺、四环素、异维A酸等）。为防止炎症后色素沉着，可在治疗后继续使用淡化色素斑的产品（如氢醌霜、氨甲环酸、左旋维生素C、熊果苷）。

2. 如果做的是有创激光治疗，具体说来都有哪些常见问题需要我们注意呢？

1）多久可以用护肤品？

治疗后3~5天可开始用清水洗脸，痂皮脱落后（10天左右）正常使用护肤品，不建议使用彩妆，为预防色素沉着，建议外涂或导入左旋维生素C精华+含神经酰胺、透明质酸等的精华液。

2）皮肤红肿怎么办？

皮肤红肿明显，建议冷敷，如水凝胶面膜或者3%硼酸溶液冷敷，每天2~3次，每次10~15分钟。痂皮脱落后如果皮肤还有明显红斑，请特别注意防晒，可继续涂抹表皮生长因子（每天2次），直到红斑完全消退。

3）出现疱疹怎么办？

出现疱疹，外用阿昔洛韦或喷昔洛韦软膏，可以口服阿昔洛韦或伐昔洛韦片（遵医嘱）。

4）出现水疱怎么办？

治疗后如果出现水疱，最重要的是不要弄破疱皮。较大的水疱（花生米大小）先用一次性无菌针尖扎破，然后用棉签轻轻地将疱液挤出。千万不要撕掉疱皮，以免细菌感染。如水疱较小，无须挑破，等待自然干瘪。

水疱一旦破裂，应定期消毒（碘伏，每天消毒2～3次），不要封闭包扎。宜外涂抗生素软膏防止感染以及外涂皮肤生长因子制剂促进愈合。

5）什么时候可以碰水呢？

一般无创或微创激光造成的微孔会在48小时内达到表皮愈合，有些会延迟至72小时。表皮愈合后也就意味着可以碰水了，但此时愈合尚不牢固，用清水洗即可，不可用手去搓揉，更不能用去油、磨砂、含果酸、深层净化等功能的洁面乳。

有创激光造成的创面需避免沾水7～10天，脱痂以后方可正常洗脸，做好日常保湿修复工作。

6）要忌口吗？酱油可以吃吗？

治疗期间，应避免烟酒及辛辣及其他刺激性食物，因其会引起血管扩张，影响创面愈合。酱油当然可以吃！只有那些可以激活酪氨酸酶的药物、食物、射线等才可以促进酪氨酸生成黑色素，从而使皮肤变黑或导致色素沉着，如紫外线就有这样的功能，所以防晒很重要！另外，维生素C可促进黑色素代谢，应注意补充。

7）痂皮何时脱落？

痂皮脱落一般在术后10天左右，要等它自然脱落。切勿抓挠或把痂皮撕掉，一来容易造成新的创面导致感染；二来易诱发色素沉着，严重者导致瘢痕增生。

8）术后恢复期间可以运动么？

恢复期间不宜进行剧烈运动，以免太多的出汗导致皮肤感染或延缓修复过程。

9）哪些情况不适宜选择激光治疗？

有些情况是不适宜选择激光治疗的，如部分或全身的炎症、免疫系统缺陷者；凝血功能障碍，正在运用阿司匹林、抗氧化剂或激素类药物者；患有糖尿病、心理疾病及精神障碍者；孕妇；患有皮肤癌、光过敏及光过敏性的皮肤卟啉症或近一个月内暴晒者；瘢痕体质者、期望过高者等。

10）激光治疗有辐射危害么？

日常中的辐射一般指电离辐射，激光属于光线，不属于射线，所以激光没有电离辐射。而激光在使用过程中会产生热辐射，为非电离辐射，一般对人体没有危害。

11）激光治疗会导致皮肤敏感吗？

一般不会，任何激光治疗都要严格遵医嘱和疗程，在正规的疗程内治疗是不会使角质层变薄而导致皮肤敏感的，但是过度治疗会导致皮肤敏感的概率增大。

（何珊　雷华　赵静）

七、巨大色素痣该怎么祛除？

巨大色素痣的诊断标准：任何部位的色素痣面积在144厘米^{2}以上，或头颈部的色素痣面积≥1%全身体表面积，或其他部位色素痣面积≥2%全身体表面积，或直径≥20厘米的色素痣，或肢体、躯干部位色素痣面积>900厘米^2。这一类色素痣，不光严重影响美观，而且恶变的风险也远高于普通色素痣。在实际生活中，对于直径2厘米以上的色素痣，尤其是长在面部等部位的色素痣，一方面影响颜值，另一方面患者及家属也比较担心后期恶变的问题，所以往往都有较强的治疗意愿。

巨大色素痣的治疗，总体而言，以手术为主，极个别情况下可以考虑激光治疗。根据患者的个体情况、治疗意愿等，可以考虑行分次切除术、整体切除+植皮修复术、皮肤软组织扩张术。对于难以手术、患者及家属治疗意愿强烈、皮损评估为低风险性的色素痣，有学者认为也可以考虑行超脉冲CO_2激光等多次治疗。

1. 分次切除术

分次切除术的原理是通过多次手术，逐渐切除面积较大的色素痣皮损，在前期手术后，手术切口的张力会牵拉周围的正常皮肤，使其被动扩张，从而在后续手术之前，逐渐产生"多余"的皮肤，以供覆盖创面需要（图2-2-14）。根据前期手术切除范围的大小、部位、局部张力、患者年龄等情况，一般两次手术之间需要间隔3~6月。同时，等待后续手术的同时需要进行手术切口周围的减张处理（如使用减张器、减张贴、弹力套等），避免手术后瘢痕变宽，从而增加后续手术的难度。该手术的优势是仅涉及皮损范围内的皮肤，不会产生多余损伤，瘢痕通常也比较轻，间隔时间也比较适合学龄期的儿童或者青少年。弊端是往往需要多次重复手术，整体时间长，且患者需要接受多次手术带来的不适。另外，该手术一般在局麻或者基础麻醉下进行，也不适合2岁以下需要全身麻醉（简称全麻）才能配合的幼儿。

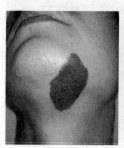 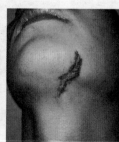 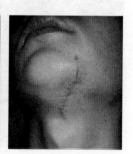

分次切除前　　　　　　两次切除后　　　　　　完全切除后

图2-2-14　下颌巨大色素痣

2. 整体切除+植皮修复术

整体切除+植皮修复术即一次性切除所有色素痣皮损，然后在身体其他部位取皮，移植到术后缺损部位修复创面（图2-2-15）。该手术优势是可以一次性完成，手术风险较低，整体费用也不高。弊端是：

①需要在供皮区产生额外的创面并留下瘢痕。

②随着患儿的生长发育，体表面积会逐渐增大。但移植皮片生长的空间不大，因此会导致皮片后期多少会显得"变小了"（医学上称为挛缩），在非重要部位影响不大，但如果在一些关节部位产生皮片挛缩，就像戴了个小号的"手套""袜子"一样，可能会影响肢体活动。

③即使不考虑挛缩的情况，移植皮片的外观、功能与周围的皮肤依然有明显的区别。

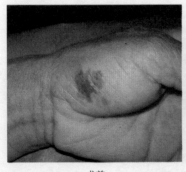 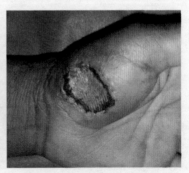

术前　　　　　　　　　切除+植皮修复术后（拆线时）

图2-2-15　手掌色素痣（怀疑恶变）

3. 皮肤软组织扩张术

为了修复巨大色素痣切除后形成的皮肤创面，将可以膨胀的皮肤扩张器（球囊一样的结构）植入皮下，定期往其内注入生理盐水，像吹气球一样，使其不断膨胀。膨胀后的扩张器会牵拉表面的皮肤，促使机体为适应张力产生"多余"的皮肤。后期再将这部分扩张出来的皮肤用于色素痣切除后的创面修复。该手术操作主要分三个阶段：安置皮肤扩张器、定期注水、拆除皮肤扩张器+手术（图2-2-16）。因此，该手术的优势是手术分两次即可完成，相比分次切除，手术次数少很多，也不像植皮术一样产生新的创面和瘢痕，术后的外观和功能效果也与周围正常皮肤接近。但弊端是需要忍受长达数月的注水过程中的"奇怪"外观（埋植处会出现一个或数个"大包"），以及扩张器膨胀后对皮肤牵拉引起的疼痛，同时在注水过程中可能会出现感染、皮肤坏死、扩张器外露等导致扩张失败。另外，在肢端、腔口周围、颈部等不适宜安置扩张器的部位不能使用。

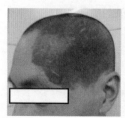 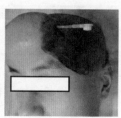 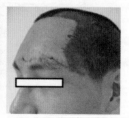

术前　　　　　　　皮肤扩张器植入　　　取出皮肤扩张器并切除巨
　　　　　　　　　　　　　　　　　　　大色素痣

图2-2-16　头皮巨大色素痣

4. 多次激光治疗

部分学者通过研究认为，不适合手术的低风险巨大色素痣患者，也可以尝试接受激光治疗。类似于祛斑的原理，激光通过破坏色素细胞，使其被吞噬细胞清除，从而在多次治疗后逐渐淡化痣的颜色，改善外观。但有学者认为，此方法有可能会刺激黑素细胞，导致后期复发甚至有恶变的风险。

专家总结

巨大色素痣的恶度风险相较正常色素痣高，尤其在美容关键部位或者高风险部位，需要尽早手术。但手术的难度较大，需要患者根据具体情况，在与主管医生协商后，选择合适的治疗方式。

（陈明懿）

八、老年人面部的黑褐色素斑片可能是什么？

随着年龄的增长，面部出现越来越多的黑褐色素斑片，我们经常会遇到很多"爱美"的大龄女性询问："医生，这个是不是老年斑啊？该怎么处理呢？太影响美观了。"老年人面部的黑褐色素斑片可能是常见的老年斑、扁平疣、色素痣等，还有可能是少见的色素性光线性角化病、恶性黑色素瘤等。所以如果面部出现黑褐色素斑片最好还是到正规医院就诊。

1. 什么是老年斑?

老年斑是常见的表皮肿瘤，由不成熟角质形成细胞良性增殖而形成。最常见于中老年人，也见于年轻人。其发病率随年龄的增长而增加。老年斑表现为边界清楚的圆形或卵圆形病变，呈现黯淡、疣状表面和典型的黏附

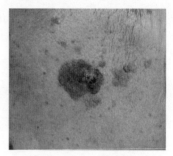

图2-2-17　老年斑

样外观（图2-2-17）。通常无症状，偶尔可有瘙痒、疼痛或出血。老年斑的颜色可能不同，从正常肤色到浅棕色、深棕色或黑色都有。

2. 什么是扁平疣?

"医生，这个是不是脂肪粒啊？弄破后里面什么都没有"。扁平疣是一种常见的皮肤病，刚开始的时候外观与脂肪粒很相似。扁平疣好发于青少年，几乎50%的人在一生中都与它"打过交道"。免疫功能低下及外伤者更容易患本病。它是由人乳头瘤病毒感染引起的，说到人乳头瘤病毒你可能不熟悉，但它的英文简称HPV你应该听过。人乳头瘤病毒家族庞大，有200多个成员，不同的成员喜欢攻击人体不同部位的上皮细胞，所以就形成

了各种皮肤疣。扁平疣好发于面部、手背及前臂等处，表现为高出正常皮肤的扁平丘疹，表面光滑，质地较硬（图2-2-18）。患病后一般无症状，偶觉瘙痒，搔抓后可能传播到其他部位。

图2-2-18 扁平疣

3.面部黑褐色素斑片都能用激光治疗吗?

老年斑是一种良性增生，且没有传染性，因此通常不需要治疗。当病变有症状或影响美观时，可以就医治疗。通常采用的方法是冷冻及激光治疗。

扁平疣既有传染性又影响美观，最好及时治疗。治疗的方式方法有很多，原则是破坏疣体，以调节局部皮肤生长、刺激局部或全身免疫反应为主。因此可以采取冷冻、激光、外涂和口服药物等治疗措施。该病无特效疗法，应结合个体差异选择适合的方法，但均存在复发的情况。

（梁成琳）

九、都是突出表皮的疣状增生物，疣状表皮痣与皮脂腺痣有什么区别?

在前面"胎记"问题中，我们提到了疣状表皮痣与皮脂腺痣，它们都是皮肤表面增生，表面都粗糙不平、不长毛发，使人看到很不舒服。患者都很担心自己患的会不会是癌症？这个病对身体健康有没有影响？如果不治疗会怎么样？下面就先介绍一下这两个病。

它们病因不同，组织病理检查结果不同，本质是不同的两个病。

疣状表皮痣一般表现为淡黄色至棕黑色疣状损害，表面粗糙不平，其大小、形态及分布各不相同，大多呈轻度隆起，排列成带状、线状或斑片状，全身各处均可发生，以躯干、四肢为主，通常呈线状排列，发生于身体一侧。开始为小的丘疹，逐渐扩大，呈密集的、变厚变大的丘疹，灰白色或深黑色，触之粗糙坚硬，皱襞处损害常因出汗浸渍发白而变软（图2-2-19）。一般无自觉症状，发展缓慢，至一定阶段时即静止不变。疣状表皮痣一般在初生时或幼儿期出现，但也有在10~20岁时才出现的，男女均可发病。一般不会癌变。

皮脂腺痣较为常见，多于出生时或出生后不久发病，好发于头、颈部，主要发生于头皮。一般长一个，有些患者会长几个。皮疹为境界清楚、隆起的圆形小结节，淡黄色至灰棕色，有的像蜡烛外观一样。损害表面没有毛发生长（图

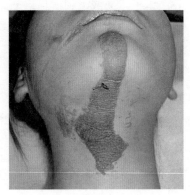

图2-2-19　疣状表皮痣

2 -2-20）。在青春期后皮脂腺痣损害增厚变大比较明显，表皮呈疣状或乳头瘤样增生，黄色明显。皮损后期如果有长时间的刺激，部分有癌变的趋势，10%～15%的病例发生基底细胞癌。

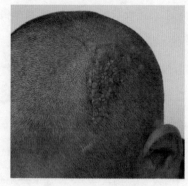

图2-2-20　皮脂腺痣

在治疗方面两者都差不多，目前最常用的方法包括手术切除整个皮损。切除形成的创面可以依靠直接缝合、皮瓣移植和皮肤扩张器的应用来修复。

激光方面主要是用CO_2激光来治疗。皮肤吸收激光后组织内的水就被汽化了，从而使得治疗区域的皮损被祛除，相当于烧掉这个皮肤组织，但术后部分可能会产生浅表性瘢痕和色素沉着。此外，还可选Er：YAG激光，其被水吸收的系数比CO_2激光高出10倍以上，能够得到更加精准的汽化切割，对皮肤的损伤要比CO_2激光小些，被用来作为疣状表皮痣的激光治疗，但Er：YAG激光治疗费用比CO_2激光高些。

从上面我们可以看出这两个病病因和主要发病的部位不同，但它们的治疗方案都差不多。这两个病在通常情况下对身体健康影响不大，主要是影响美观，只要不长时间搔抓、乱用药刺激一般都不会癌变。如果觉得影响美观可以考虑手术和激光治疗。

（应川蓬）

十、 太阳晒得多，就容易得皮肤癌吗？

这的确是许多门诊患者都会问到的问题，这个问题应该分几个方面来看。

首先，开门见山地说，答案是肯定的，日晒与皮肤癌的确有密切的相关性，比如世界上皮肤癌最高发的澳大利亚昆士兰州，当地一年中的"好天气"比率和紫外线强度也是全球数一数二的高，加上不少人喜欢日光浴，造成了皮肤癌发病率居高不下。

其次，从积极的角度来看，越来越多的人认识到日晒与皮肤癌的相关性，并且在生活中有意识地防晒肯定是件好事，但从客观的角度来看，并非太阳晒得多，就肯定会得皮肤癌。正如我们在生活中常常观察到的那样，同样长期从事户外工作的人群，有些容易得皮肤癌，而另一些则不然。因此，皮肤癌的发生，除了过度日晒以外，还取决于以下几个因素：

1. 遗传因素

人类的基因——我们体内的遗传密码，与肿瘤的发生发展有着极为密切的关联。同样的危险因素，如吸烟、酗酒、职业暴露等，是否会导致肺癌、肝癌等肿瘤的发生，在不同的个体身上，可能会有截然不同的结局，也就与个体差异，或者说基因差异，有着千丝万缕的联系。因此，对于家族中有皮肤癌患者的，尤其是多个家族成员共患的情况，或者是患者有一些容易诱发皮肤癌的先天性皮肤病（如着色性干皮病、营养不良型大疱性表皮松解症等）的人群就要高度警惕，需要定期到皮肤科做全身皮损检查，以便早期发现皮肤肿瘤的危险苗头。

2. 皮肤光反应类型

根据皮肤遗传特性、受日晒后的反应等因素的不同，皮肤可以分为6种不同的皮肤光反应类型（Fitzpatrick皮肤分型）。其中Ⅰ、Ⅱ型肤色白皙，头发和瞳孔的颜色浅，容易晒伤而不容易晒黑，出现皮肤癌的风险较高，而Ⅴ、Ⅵ型肤色深，头发和瞳孔的颜色深，容易晒黑而不容易晒伤，出现皮肤癌的风险较低。

3. 是否使用防晒产品

对于进行同样高强度日光暴露的户外劳动者来说，是否经常使用防晒产品可以导致截然不同的结局。我们生活中使用的遮阳帽、防晒衣、遮阳伞等，具有物理隔离紫外线的作用，可以直接保护皮肤。而各种物理性或者化学性的防晒霜，可以在皮肤上或者表皮层形成保护层或者反射层，使许多对皮肤有害波段的紫外线被挡在体外，从而保护皮肤免受日光损伤。可喜的是，在皮肤护理中的重要一环，以往被认为是肤白貌美的年轻女孩的专利——防晒，正逐渐被大众所接受。这将有利于皮肤癌发病率的控制。

4. 年龄

老年人群似乎是各种肿瘤都"偏爱"的人群，这与肿瘤的本质息息相关。肿瘤的本质是细胞在复制过程中出现了变异，从而导致不断地、过度地增殖异常细胞。而人体内无时无刻不在上演着细胞分裂复制—凋亡—分裂复制—凋亡的"戏剧"，复制的次数越多，出错的概率就越大。因此经历过更多细胞有丝分裂的老年人，在DNA复制过程中也就越容易出现偏差。此外，紫外线在其中也起到了"帮凶"的作用。因此，许多年轻时长时间从事户外劳动的人群，步入老年时期，在日光暴露的部位就极容易出现多种皮肤肿瘤的表现。

5. 免疫状态

人体的免疫系统是许多肿瘤细胞的"清道夫"，其会积极识别肿瘤细胞并及时吞噬消灭。但如果免疫系统因为高龄、疾病、药物、营养不良等因素出现了免疫抑制的情况，原本潜伏在体内的肿瘤细胞就会蠢蠢欲动。因此，使用激素等免疫抑制药物及进行放化疗的患者出现皮肤肿瘤的风险也高于普通人群。

以往可能很多人，尤其是"钢铁直男"，"顽固"地认为防晒是"白富美"的专利，在"女汉子"和"糙汉子"的字典里是没有"防晒"这个词的。风餐露宿、日晒雨淋才是"江湖儿女"的标配。其实不然，适度的日晒对于我们身体合成必要的维生素D等营养成分有利，但过度的日晒会导致皮肤细胞DNA突变，从而导致包括皮肤癌在内的多种疾病，这并非耸人听闻。日晒除了会导致皮肤癌外（图2-2-21），还容易导致皮肤光老化（形成色素斑、皱纹等）、皮肤敏感、与日光相关的其他皮肤病形成或者加重（日光性皮炎、神经性皮炎、痤疮、系统性红斑狼疮等）。因此，皮肤防晒是

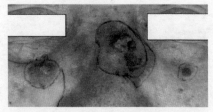

图2-2-21　由于长期日晒导致的光线性角化病及皮肤鳞状细胞癌

皮肤护理中与合理清洁、充分保湿同样重要的一环。

（陈明懿）

十一、怎么判断皮肤上的黑斑是"良民"还是"歹徒"？

随着年龄的增长，我们原本光洁的皮肤上往往逐渐会出现各种各样的黑斑。这些黑斑可能是平的，也可能是突出来的；可能只出现一粒，也可能成片出现；可能出现在头顶，也可能出现在足底；可能长时间没有变化，也可能突然间长大。出现这样的情况，通常引起我们的疑问，这些黑斑到底是"良民"还是"歹徒"？我们如何来判断它们的良恶性呢？

1.皮肤癌是什么导致的呢？

皮肤是人体最大的器官。皮肤癌作为最常见的癌症之一，其发病率正逐年上升，给人们的健康带来了巨大的威胁和挑战。临床上皮肤癌主要分为恶性黑色素瘤和非黑色素瘤皮肤癌。基底

细胞癌和鳞状细胞癌作为最常见的皮肤癌，分别占非黑色素瘤皮肤癌的70%和25%。但皮肤癌病例约90%死亡反而是恶性黑色素瘤导致的。

2. 导致皮肤癌的危险因素有哪些呢？

①年龄：年龄是皮肤癌的危险因素之一，皮肤癌的发病率随着年龄的增长而增加。老年患者皮肤癌的发病风险高于年轻人。55岁以上人群为皮肤癌的高发群体，尤其是男性。

②间歇和长期暴露于自然和人工紫外线：有研究表明大多数恶性黑色素瘤是由于紫外线照射造成的。光线性角化病和部分基底细胞癌也与日光暴露相关。

③电离辐射：长期从事具有放射性工作的人员或接触放射源的患者，接触部位皮肤癌变率增高。

④接触化学致癌物：一些化学物质，如砷化物、沥青、焦油衍化物、苯并芘等长期刺激可导致局部皮肤癌变。

⑤疾病状态：免疫性疾病或在免疫抑制阶段，患者免疫功能低下或紊乱时，皮肤癌发病率也会增高。

⑥感染：特别是病毒感染，如HPV、EB病毒已明确与鳞状细胞癌和淋巴瘤的发病相关。

⑦遗传：某些遗传性皮肤病，如发育不良痣、皮肤角化病、白化病、着色性干皮病的患者，原有皮肤病进展为皮肤癌的概率较普通人群明显增高。

3. 皮肤肿瘤的良恶性，从临床表现上如何区分呢？

一般来讲，皮肤肿瘤的良恶性主要通过皮疹形态、大小、颜色、生长方式、是否伴有全身其他症状等方面来鉴别。皮肤良性肿瘤瘤体往往对称分布，边界很整齐，与周围的组织分界清楚；瘤体的颜色往往比较均一，不会出现深浅不一的颜色发生在同一块皮疹上；瘤体生长往往非常缓慢，其大小和形态可以保持多年不变；如果瘤体发生在皮下，触摸时多可活动，与周围组织无粘连；瘤体的发生多是局部孤立的，不引起发热、淋巴结肿大、转移等全身症状。与之相对应，皮肤恶性肿瘤多生长迅速，呈侵袭破坏性生长，瘤体分布往往不对称，整体形态不规则，还可能高低不平，呈结节状或向下浸润，边界也欠整齐，与周围组织的分界不是很清楚（图2-2-22），如果瘤体向下浸润，触摸时活动较差，与周围组织常相互粘连，移动困难；瘤体的颜色可分布不均或深浅不一；瘤体中央可因肿瘤过快生长形成坏死灶，多表现为出血、糜烂、溃疡等；不同区域的恶性肿瘤可导致相应部位浅表淋巴结肿大；部分恶性肿瘤发展到一定阶段可出现远处转移，以肺、骨、肝转移多见；部分恶性肿瘤还可伴有发热、乏力、食欲下降、体重降低等非特异性表现。

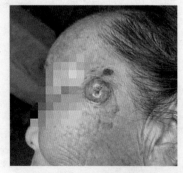

图2-2-22　鳞状细胞癌

4. 除了临床表现外，还可以怎么鉴别皮肤肿瘤的良恶性呢？

鉴别皮肤肿瘤的良恶性，除了临床表现外，另一个重要手段是实验室检查，特别是病理检查，往往被称作肿瘤诊断的金标准。病理检查首先是观察临床大体皮疹的病变状态，然后切取一定大小的病变组织制成病理切片，再通过显微镜进一步检查。除了病理检查，皮肤镜是近年来发展并用于皮肤病诊断的新型辅助工具。皮肤镜又称皮表透光显微镜，是一种可以放大数十倍并具有消除皮肤表面反射光的观测设备。皮肤镜对于恶性黑色素瘤的诊断灵敏性在90%以上。皮肤镜还能鉴别色素痣、老年斑、皮肤纤维瘤等皮肤良性肿瘤。此外，高频超声也可对皮肤恶性肿瘤，特别是有垂直浸润倾向的肿瘤进行鉴别。

 专家总结

　　我们可以从以上几个方面对自身皮肤上的"黑斑"的良恶性进行粗略判断。然而在临床真实情况下，疾病的表现往往是多种多样、纷繁复杂的，而且是进展变化的，不会以标准形式出现在我们面前，这就需要皮肤科医生步步深入、抽丝剥茧，同时结合一种或几种实验室检查进行综合、全面分析，才能得出最终结论，提高早癌诊断率，同时减少漏诊及误诊。

（王超群）

十二、哪些皮肤包块和结节需要引起重视？

随着人们生活质量的提高、平均年龄的增长及环境污染和户外活动增加，皮肤包块和结节的发病率逐渐增高。而皮肤是人体面积最大的器官，面积为1.5 ~ 2米^2，各种包块以不同形式存在于皮肤及皮下，或看得见，或扪得着，有些伴疼痛，有些伴溃疡……

门诊皮肤科医生接触的皮肤包块，大致可以分为以下几种类型：炎症性包块、囊肿、良性肿瘤、恶性肿瘤。接下来，我们来看看它们都是什么？

1. 什么样的包块是囊肿？皮肤有哪些常见的囊肿？

皮肤上发现的囊肿，摸起来软中带硬，边界清楚无压痛，囊肿在超声影像下更像一个装满内容物的口袋，囊肿包膜内有液体或固体和液体的混合物（图2-2-23）。

皮肤科门诊常见的囊肿有表皮样囊肿、皮脂腺囊肿、耳郭假性囊肿、腱鞘囊肿，共同特点为大小不一的皮下包块，溃破后会有胶水样或豆渣样东西流出，伴感染时会有不同程度的疼痛，囊肿一般不会发生

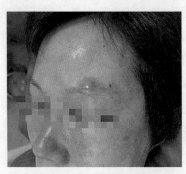

图2-2-23　皮脂腺囊肿

癌变。较大的耳郭假性囊肿和腱鞘囊肿需要耳科、骨科医生会诊治疗。

2. 有没有不以包块为临床表现的皮肤肿瘤?

皮肤良性肿瘤有的不以包块出现,而以点状、片状、疣状皮肤损害出现,如色素痣、老年斑、疣状表皮痣、皮脂腺痣等。

皮肤恶性肿瘤有时也不像包块,它表现为各种各样的皮损形态,尤其是从内脏转移至皮肤的恶性肿瘤,更像一个"模仿大师"。如果皮肤出现不易消退的红斑和硬块,要考虑皮肤淋巴瘤或血管肉瘤;皮肤经久不愈的糜烂面,需要想到鲍恩病或湿疹样癌的可能;肢端逐渐加深的不规则黑斑,要怀疑恶性黑色素瘤(图2-2-24);抗感染没有效果的溃疡,要小心有可能是鳞状细胞癌……

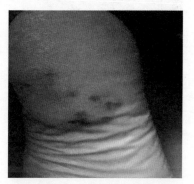

图2-2-24　足底恶性黑色素瘤

3. 老年斑与光线性角化病的区别有哪些?

老年斑是一种常见的皮肤良性肿瘤,多见于40岁以上人群,长在头面部、背部及手背,硬币大小,表面疣状边界清楚,表面有发黏的痂壳,痂壳松脆容易揭掉(图2-2-25)。

图2-2-25 老年斑

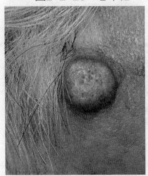

图2-2-26 光线性角化病转
变为鳞状细胞癌

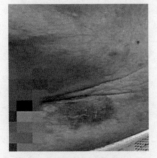

图2-2-27 光线性角化病

老年斑发病与过多日光照射、遗传、病毒感染等因素有关，主要对患者容貌有影响，少数生长较快伴溃烂的皮损有癌变的风险。

光线性角化病是一种偏恶性的皮肤肿瘤，为皮肤鳞状细胞癌的癌前状态（图2-2-26），皮损一般为边界不清的红斑、丘疹伴红血丝，表面粗糙，有鳞屑和斑块，病变可为单个或多个，也有伴糜烂或溃疡出现的（图2-2-27）。

4.脂肪瘤需要手术治疗吗?

脂肪瘤长在成年人的四肢和躯干的皮下组织，与身体肥胖没有直接关系，可为单个或多个，大小不等，人们常常在不经意间摸到包块。如果较大的脂肪瘤在肢体受压部位，有疼痛不舒服的感觉，可以手术治疗。

5. 血管瘤、血管肉瘤是同一种皮肤肿瘤吗?

血管瘤小儿多见,表现为皮肤表面红色、紫红色、紫蓝色的包块,颜色偏红、厚度偏薄的血管瘤一般病变较浅,有些有自然消退的可能;颜色越深、越厚的血管瘤越没有消退的可能。血管瘤是皮肤良性肿瘤,但有破溃出血的风险,建议早期治疗。

血管肉瘤是一种很少见但恶性程度极高的皮肤恶性肿瘤,多见于老年人,以紫红色素斑块或结节为特征(图2-2-28)。病理检查才能确诊,手术治疗效果不好,需要联合化疗。

图2-2-28 血管肉瘤

6. 皮肤纤维瘤与神经纤维瘤有什么区别?

皮肤纤维瘤在皮肤科很常见,摸到皮肤上不痛不痒的淡褐色硬结多半是它了,其是正常成纤维细胞过度增生形成的,一般不发生恶变,大多不需要治疗。某些单发较大的皮损或有痛痒症状的皮损可以手术治疗。皮肤纤维瘤需要与瘢痕疙瘩和隆突性皮肤纤维肉瘤相鉴别,后两者病变体积更大、质地更硬、生长更快,多突出皮肤表面。

神经纤维瘤临床不太常见,常表现为散在的咖啡斑、多发的质地柔软的瘤体,伴有其他神经系统受累的症状(如偏瘫、

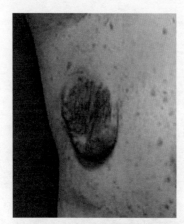

图2-2-29　神经纤维瘤

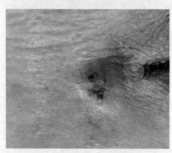

图2-2-30　内眦基底细胞癌

癫痫、听力减退、视力减退）或神经系统肿瘤，而且临床症状随年龄增长呈逐渐加重趋势（图2-2-29）。神经纤维瘤需要神经外科和皮肤科医生联合会诊治疗。

7. 基底细胞癌临床常见吗?

基底细胞癌是皮肤最常见的恶性肿瘤，发病与过度接触紫外线有关，病变多在面部等曝光部位，见于50岁以上老年人。表现为伴色素的皮肤硬结、伴皮肤溃疡的斑块，组织易脆，稍碰即出血，溃疡不易愈合（图2-2-30）。基底细胞癌随着病情进展会向皮下组织生长，甚至侵犯下方的肌肉、骨膜。

8. 皮肤鳞状细胞癌的发生与哪些因素有关?

皮肤鳞状细胞癌是非黑色素瘤中致死率最高的皮肤肿瘤，典型的表现为菜花状团块或溃疡。

皮肤鳞状细胞癌多发生于暴露部位，特别是面、颈部、手背。某些重要部位如嘴唇（图2-2-31）、耳郭的鳞状细胞癌具有很强的侵袭性，而咽部、外生殖器、甲周的鳞状细胞癌可能与HPV感染有关。皮肤鳞状细胞癌也容易发生在烧伤瘢痕、外伤瘢痕、慢性皮肤溃疡等部位。

图2-2-31　下唇鳞状细胞癌

9. 隆突性皮肤纤维肉瘤恶性程度高吗？

好发于青壮年躯干部的隆突性纤维肉瘤，其发病率较低，是一种低度恶性的皮肤肿

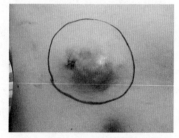

图2-2-32　腹部隆突性纤维肉瘤

瘤。肿瘤单发于胸背部或四肢，呈半球形向皮肤表面隆突性生长，可见毛细血管扩张，质地较硬，与皮肤粘连固定，肿瘤通常不会发生远处转移，但术后复发率较高（图2-2-32）。

（李志清）

十三、发现皮肤包块和结节该怎么办？

健康正常的皮肤是光滑平整的，如果发现皮肤包块和结节，而自己对包块没有明确的认识时，就需要求助医生了。

当然看医生之前要对自己的皮肤包块有个初步了解。（首先回忆患处有无外伤史？包块存在多久了？生长速度如何？伴肿胀、疼痛不？包块能活动不？表面有破溃出血吗？身体其他方面有不适感觉没有？），详细的病史对医生选择辅助检查、做出准确临床诊断很有帮助。

1. 哪些皮肤包块我们要高度重视？

如果发现皮肤包块逐渐长大，有快速生长趋势的；皮肤包块伴疼痛的、伴溃疡的（有感染和出血风险）；包块压迫邻近组织或器官（如四肢、头颈部）；包块邻近重要的腔口部位（如眼、耳、鼻、口、泌尿生殖道出口）影响器官功能或影响美容形象的……都需要及时到皮肤科就诊。

2. 为什么看皮肤包块，医生有时候还让做B超、CT检查，甚至MRI、PET-CT检查？

大部分皮肤包块都来源于皮肤及皮下组织，良性肿瘤可能性较大，但若需要手术，一般皮肤科医生会建议行局部B超检查，了解肿瘤的大小、边界及肿瘤与周围组织的关系、肿瘤血供情况等，以利于临床手术的安全性，即在对周围组织损伤最小的前提下彻底切除皮肤肿瘤。

对于恶性肿瘤来说，了解肿瘤来源和远处转移情况，对肿瘤的诊断、分期以及选择治疗方案尤为重要，CT、磁共振成像（MRI）、正电子发射计算机断层成像（PET-CT）能精确定位肿瘤所在，还能判断肿瘤有无淋巴结转移或其他器官的远处转移，PET-CT还可以发现组织微小肿瘤病变。

3. 皮肤包块做病理检查有什么意义？

对于外生性生长的皮肤包块，包块表面常呈结节样瘤体、菜花样皮损、慢性溃疡、色素样浸润等，医生会在局麻下取一小块组织送病理检查，病理科医生在显微镜下读取细胞来源、观察细胞异型性，甚至会进一步行免疫组织化学（简称免疫组化）检查，判断皮肤肿瘤的恶性程度，为临床医生明确疾病的诊断、选择相应的治疗提供技术指导。

对皮下肿大的淋巴结，或怀疑皮肤恶性肿瘤的包块，如果患者对有创的组织病理检查难以接受，还可以采取安全便捷、快速经济的针吸细胞活检的方式，获得基本的细胞学检测结果，初步筛查皮肤恶性肿瘤。

4. 皮肤包块有可能是其他专科的问题吗？

皮肤包块中的恶性肿瘤，如果是转移性肿瘤，就有可能与其他专科相关了。因为皮肤是人体面积最大的器官，其他系统的恶性肿瘤可以通过血液循环和淋巴循环转移至皮肤，皮肤转移癌常见来源于乳腺、肺部、结肠，需要行病理检查明确诊断，由相应专科治疗或皮肤科协同治疗。

颈部、腋下和腹股沟的皮肤包块，还要警惕是否为其他系统肿瘤远处转移的淋巴结肿大。

5. 发现皮肤包块，哪些可以不采取手术治疗？

某些皮肤包块在明确诊断后，可以选择临床观察暂不予手术治疗，如体积较小且不伴症状的脂肪瘤、纤维瘤、囊肿、慢性炎症性淋巴结等；某些皮肤包块，如皮肤淋巴瘤等，选择药物治疗效果更好，也可不予手术治疗。

6. 对于皮肤包块，门诊手术切除安全吗？

皮肤包块大多是良性肿瘤，医生一般建议门诊手术，因为门诊手术具有"短、平、快"的优点，只要患者没有严重的器质性基础疾病，精神状态和身体条件能耐受局麻，符合术前检查的各项指标，门诊手术是安全可行的。

7. 对于哪些皮肤包块，患者需要选择住院手术治疗？

如果患者皮肤包块有系恶性肿瘤的可能性，需要术中病理冰冻切片指导医生决定手术范围，建议患者选择住院手术治疗。

如果某些患者皮肤包块较大，或合并其他基础疾病，为了手术及麻醉的安全性，也建议患者选择住院手术治疗。

（李志清）

十四、皮肤科医生怎么对付皮肤肿瘤？

如果不幸得了皮肤肿瘤，也不用过于紧张，大多数皮肤肿瘤都是良性的，少数皮肤恶性肿瘤的恶性程度总体偏低。此外，皮肤科医生可有很多种"武器"对付它们，除了手术、放疗、化疗等常规"武器"，还有光动力、靶向治疗等特有手段。

1. 手术如何确保彻底切除皮肤肿瘤？哪些因素容易导致皮肤肿瘤的复发？

大多数皮肤良性肿瘤都有明显的边界或包膜，术前B超检查明确肿瘤范围，手术切口超出皮损边缘0.3厘米能相对完整地切除瘤体；针对皮肤恶性肿瘤，一般手术切口会超出皮损边缘0.3～2.0厘米，恶性黑色素瘤甚至可扩大边缘达3.0厘米，术中会对离体肿瘤做冰冻切片，实时报告标本边缘及基底是否有肿瘤细胞残留，指导手术医生再次扩大切除的宽度和深度。如果术前检查有区域淋巴结转移的病灶，还应做相应的淋巴结清扫。

术后复发可能与以下因素有关：良性肿瘤包膜不完整或边界不清楚；某些恶性肿瘤浸润组织较深；肿瘤细胞有远处淋巴结转移或血行转移。

2. 如何精确切除皮肤恶性肿瘤？

手术切除肿瘤后，手术医生按立体的方式多点描记标本，分别送冰冻病理切片，病理科医生1～2小时报告病理结果，只要有肿瘤细胞残留，术中再次扩大切除，直至肿瘤彻底切除，创面修复可在当天完成，这就是经典Mohs显微描记技术。

较大的皮肤恶性肿瘤，组织切片所涉及的时间和劳动量较大，而且某些类型的皮肤恶性肿瘤冰冻切片欠准确，可将传统冰冻切片替换为石蜡切片苏木精—伊红染色（HE染色）方法，使组织学读片更准确。术后创面彻底止血后旷置，参照病理检查结果有的放矢地扩大切除，有利于皮肤恶性肿瘤的彻底清除，这就是慢Mohs显微描记技术。

3. 皮肤肿瘤是类圆形病灶，为什么术后伤口是一条直线或曲线？

手术切除皮肤肿瘤，手术医生会选择梭形或半月形切口，切口还会依据皮肤张力线或重力线的方向，这是为了避免缝合创面留下"猫耳"畸形。

基于皮肤外科手术的梭形切口和皮瓣转移缝合，所以术后切口呈线性或几何曲线形状。

4. 皮肤肿瘤切除后，有时候为什么不直接缝合伤口？

鼻部、耳部、睑缘等特殊部位解剖结构比较复杂，有些肿瘤位于皮肤和黏膜交界区域，尤其睑缘、睫毛、睑板腺部位，直接缝合张力太大或影响局部功能，临床医生将上述部位皮肤肿瘤手术切除后，充分止血让创面旷置，未予拉拢缝合或皮瓣修复，利用组织自身修复能力处理创面，术后伤口也能达到基本愈合。

部分皮肤恶性肿瘤的慢Mohs显微描记术后创面需要暂时旷置，参照病理检查结果再扩大切除、闭合创面。

5. 皮肤肿瘤手术治疗后，还需要其他辅助治疗吗？

单一手术方式只能最大限度地切除皮肤恶性肿瘤的原始病灶，对于部分恶性程度较高的肿瘤而言，不能彻底控制肿瘤远处转移或后期复发。而术后联合放疗、化疗、免疫治疗、靶向治疗、光动力治疗等方法，可以更好地降低复发和转移概率。

6. 光动力治疗对哪些皮肤恶性肿瘤有用？

光动力治疗是把光敏剂涂抹于病变表面，用特定波长的光照射患处，利用光激发在肿瘤组织中形成蓄积，产生氧化活性分子促进肿瘤细胞凋亡，可以多次重复治疗。光动力治疗对表皮来源的肿瘤和皮肤附属器的肿瘤以及皮肤肿瘤的癌前病变，如皮肤基底细胞癌、皮肤鳞状细胞癌、早期恶性黑色素瘤、光线性角化病、鲍恩病等，具有一定的效果。

7. 皮肤恶性肿瘤多学科联合会诊有什么意义？

多学科联合会诊的英文简称为MDT，皮肤恶性肿瘤的诊断和治疗有时候需要影像科、肿瘤科、颌面外科、头颈外科、整形科的协同作战，对皮肤肿瘤进行集中统一的、连续的、规范化的治疗，为患者提供精准、微创、有效的医疗服务，为患者争取生存时间，提高患者的生活质量。

（李志清）

十五、医生为什么让我做皮肤活检？

患者："医生，我大腿上长了一个包块，不痛不痒，近期出现了破溃、渗血，这个是什么问题呢？"

医生："单从肉眼观察还没办法完全确认性质，需要完善皮肤活检以进一步明确诊断。"

这是皮肤科门诊中经常会出现的场景，但很多患者对皮肤活检常不理解且充满恐惧，希望通过以下内容，揭开皮肤活检的神秘面纱。

1. 什么是皮肤活检？

皮肤活检的全称是皮肤活组织病理检查，是一种临床常用的有创辅助检查，被誉为皮肤病诊断的金标准。通过选取典型皮损进行取材来获得少许皮肤组织进行病理检查，达到明确临床诊断和治疗的最终目的。皮肤是我们人体面积最大的器官，它并不是薄薄的一层，而是一个立体的结构（图2-2-33），自上而下依次为表皮层、真皮层、皮下组织层，含有许多皮肤附属器，如毛囊、皮脂腺、汗腺、血管、神经等。当皮肤出现疾病状态时，这些附属器就会呈现出相应变化，我们通过观察这些变化就能把对应的疾病揪出来，但这些结构都是微观的，肉眼并不能看见，所以需要将组织切取在显微镜下仔细观察才能发现细微的变化。

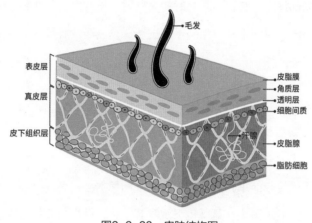

图2-2-33　皮肤结构图

2. 哪些情况需要做皮肤活检?

①对于诊断不明确的疾病进行确诊:皮肤病种类繁多,皮疹表现变化多端,有的缺乏特异性,单凭肉眼很难准确诊断。在这种情况下病理学改变可以帮助明确诊断。

②判断皮肤肿物的性质:大部分的皮肤肿物,尤其是皮下包块在早期难以准确判断其良恶性,如果临床高度怀疑恶性,需尽早做皮肤活检。

③寻找治疗效果欠佳的原因:一些患者临床诊断已进行了针对性治疗,但是治疗效果不好或者病情反复的,这时需要行皮肤活检来验证诊断,或者明确是否发生了其他病变而影响了治疗效果。

④追踪疾病的进展:有些皮肤病,尤其是皮肤肿瘤,其发生发展是一个动态过程,可由早期非典型增生发展为原位癌,最终

发生局部浸润、转移等。有时初次取材并没有发现皮肤肿瘤的证据，但随着时间推移，疾病不断进展，重复活检后可能会发现疾病恶变的证据。

3. 皮肤活检流程

皮肤活检一般在门诊手术室进行，在局麻下，采用皮肤钻孔或手术刀取下一小块皮损组织，然后缝合即可。耗时15~30分钟，手术比较简单且风险较小。取下的标本会送病理科经过固定和染色，病理医生在显微镜下观察其变化，做出相应诊断或给出建议，一般7天左右出报告，若需要特殊染色、免疫组化，时间会相应延长。

4. 皮肤活检的注意事项

①做皮肤活检时，医生会在手术部位注射麻醉药，临床常用利多卡因或者普鲁卡因，如果既往有麻醉药过敏的情况，一定要及时告知医生。

②很多患者对术中及术后疼痛感到很恐惧，其实术中疼痛一般是在局部注射麻醉药时引起，类似于预防接种疼痛程度，程度一般较轻，患者大多可以耐受。而术后疼痛普遍轻微，如患者对疼痛敏感，征得医生同意后，术后可服用止痛药。

③手术后患者需要每2天换药1次，拆线前手术部位不能沾水。根据手术部位、年龄及创口愈合情况等因素决定拆线时间。

5. 皮肤活检后会留瘢痕吗?

这个问题是绝大多数患者很关心的问题,因为活检取材需要一定深度才能全面反映病变,所以难免伤及真皮层,故愈合后是会留下瘢痕的,但若不是瘢痕体质,随着时间推移,瘢痕会逐渐淡化变得不明显。另外,医生在选取手术部位时,会在选择典型皮损前提下尽量避开暴露部位。

（黄林雪）

十六、"谈黑色变"的皮肤恶性黑色素瘤是怎么形成的?

1. 黑色素瘤到底是什么东西?

谈起黑色素瘤,不少人的反应有两种:

一种是完全没听说过,不知道什么是黑色素瘤。

典型对话场景1:

医生:"您这个皮损,要警惕黑色素瘤哦!"

患者:"抱歉,医生您说是黑什么瘤?"

医生:"黑色素瘤。"

患者:"黑什么瘤?"

医生:"黑色素瘤。"

患者:"黑色什么?"

医生:……

另一种是一知半解,把自己吓个半死。

典型对话场景2：

患者："医生，您看我这颗痣，像不像黑色素瘤哦，就是《非诚勿扰2》里面孙红雷得的那个病。"

医生："您这个…（话刚出口被打断）"

患者："医生，我在家里把我这颗痣左看右看，觉得就像黑色素瘤得嘛。医生，我是不是要死了？您救救我吧，我还年轻，我还不想死啊……"

其实，黑色素瘤虽然是一种发病率极低（在我国发病率约为1：10万）的罕见恶性肿瘤，但现代医学对其已有了深入的研究和了解。顾名思义，黑色素瘤是指从黑素细胞演变而来的恶性肿瘤，该病最常见于皮肤，也可见于外阴、口腔、眼、肠道等的黏膜部位，也可发生于内脏和脑部。我国恶性黑色素瘤最常见于肢端皮肤（手、足、甲下）等。

该病虽然发病率低（"中招"机会少），但一旦患上，对患者的生命健康威胁程度极大（"暴击率"高），早期通过手术治疗，患者往往可以获得长期生存的临床治愈效果（Ⅰ期患者在治疗后，5年生存率在90%以上）。但一旦进入中晚期，肿瘤的复发和转移就比较难以控制，预后往往不佳（在无治疗干预情况下，Ⅳ期患者的中位生存时间往往只有数月）。

2. 黑色素瘤的发病机制

很多读者十分关心，黑色素瘤到底是如何在我们身体里产生的呢？哪些人容易得恶性黑色素瘤呢？其实，黑色素瘤也不是莫名其妙从天而降的恶性肿瘤，其发生发展往往有迹可循。

①虽然各个年龄阶段都有可能得黑色素瘤，但50岁以上的中老年人更容易患此病。

②皮肤白皙，有多发痣（超过50个）、发育不良痣病史（以前曾通过皮肤镜和病理检查，证实痣存在恶变风险的）、严重日晒史、皮肤肿瘤家族史的人更容易患此病。

③从位于皮肤基底膜等部位的正常黑素细胞逐渐增多、异常聚集，直到形成肿瘤改变，大部分是有一个逐渐变化的过程的。从临床表现来看，有相当部分是从发育不良痣（表现不太正常的痣）转变而来，但也有一小部分很早就出现黑色素瘤的表现。

④黑色素瘤的发生发展与*BRAF*、*C-KIT*、*NRAS*等多种基因相关，在黑色素瘤患者中这些基因的突变率较高。同时多种分子生物学信号通路，如磷脂酰肌醇3激酶（PI3K）、丝裂原激活蛋白激酶（MAPK）等均与黑色素瘤的发生发展紧密相关。通过基因检查，可以发现突变基因。伴有基因突变的患者，往往预后会更差，但同时，目前也已经有针对这些基因位点设计的多种靶向药物，通过基因位点的精准治疗来明显改善中晚期黑色素瘤的预后。因此，基因研究和检测会给患者提供更多改善黑色素瘤治疗效果的可能。

3. 如何早期发现黑色素瘤的潜在风险？

对于身上形形色色的痣，尤其是黑色素瘤的高风险人群，经常性自我排查加上定期到医院检查是十分必要的。总体而言，如果身上的痣有以下危险因素，就需要引起高度重视。

①明显不对称：痣的上下左右几个方向存在明显不同。

②边缘不规则：相对于平滑、规则的圆形、椭圆形的痣而言，如果痣的边缘呈锯齿样、地图样等不规则改变，也需要引起重视。

③色泽不均匀：痣的内部出现黑、灰、棕色或者其他多种色泽混杂。

④痣的直径超过5毫米。

⑤痣出现明显隆起，迅速增大。

⑥痣短期内迅速增大、破溃，周围出现卫星灶（小的痣样改变），或者伴瘙痒、疼痛等不适症状。

⑦痣位于手掌、足底、手指、足趾、甲下以及眼结膜、口腔黏膜、外阴等危险部位。

对于黑色素瘤的高危人群，建议每年做1次包括皮肤镜在内的检查，必要时切除送病理检查，以便及时发现风险较高的发育不良痣，甚至是早期黑色素瘤。早诊断、早治疗可以大大改善预后。反之，如果拖延到已经形成黑色素瘤，甚至是中晚期，治疗就十分困难了。

（陈明懿）

十七、得了皮肤恶性黑色素瘤怎么办？

虽然黑色素瘤听起来十分凶险，但其实并非不治之症。在欧美等以白色人种为主的国家，黑色素瘤发病率较高，研究也较多、较成熟。目前认为治疗黑色素瘤最好的办法还是"防患于未然"。尽量在尚处于发育不良痣阶段就早点手术祛除。如果已经发展成黑色素瘤了，只要做到"亡羊补牢"——早期发现、早期手术，依然可以取得很好的治疗效果。

治疗之前，通常需要明确诊断。目前确诊黑色素瘤的金标准依然是病理检查，即需要完整切除病灶，或者切除部分病灶，通过一系列特殊染色后，在显微镜下通过观察细胞组织形态结构，从而确诊。

确诊之后，就需要尽早治疗了，毕竟黑色素瘤多耽误一天，转移的风险就多高一分。总体而言，治疗黑色素瘤的方法主要包括手术、放疗、药物治疗三种。当然，在治疗开始前，往往还需要对患者的全身，尤其是淋巴结、脑、肺、肝、肾、消化道、盆腔等黑色素瘤容易转移的部位进行影像学检查（如增强CT、淋巴结彩色多普勒超声检查，或者PET-CT等）。

1. 手术治疗

手术主要针对早期、可以切除的、局限的黑色素瘤病灶。根据前期检查的结果以及肿瘤的部位、患者的意愿等，可以选择的手术方式包括：扩大切除+植皮或者皮瓣修复、截肢术、前哨淋巴结活检、局部淋巴结清扫等。

1）扩大切除+植皮修复

根据患者情况不同，需要切除的范围包含肿瘤病灶本身以及病灶边缘0.5～2.0厘米的组织。往往形成的创面会较大，不能直接缝合。因此创面可以通过植皮修复，就是从身体的其他地方取皮肤（仅仅是皮肤，不包括皮下组织），然后移植到肿瘤切除后的创面形成创面修复。植皮修复的好处在于手术创伤不大，风险小，术后恢复快，同时便于观察肿瘤是否复发。而弊端在于植皮手术所取的皮片相对原来的皮肤会有明显不同，因此在外观、功能上会有较大区别，如在面部就会有外观区别，在足底就不太能承受压力和摩擦，术后需要避免剧烈活动、穿舒适的鞋子等，会在一定程度上影响术后生活质量。

2）扩大切除+皮瓣修复

皮瓣修复是从身体邻近位置或者远处位置，切除包括皮肤、皮下组织，甚至筋膜、肌肉、重要血管的组织复合体，然后移植到肿瘤切除后的创面来进行修复。其优点在于与皮片相比，移植组织的外观、功能与原来的正常皮肤更接近，可以提高患者术后生活质量。但是，皮瓣修复手术相对而言手术难度较高，风险较大，对于术者的经验要求更高。同时，因为皮瓣移植的组织复合体较厚，肿瘤在深部的复发就不易被早期观察到。因此，到底选择哪种方式修复术后创面，一定要综合多方面因素来考虑。

3）截肢术

虽然大量研究认为，截肢术并不能延长患者生活时间，但是对于指（趾）末端和黑色素瘤侵犯较深的患者而言，保肢导致肿瘤复发或者转移的风险较高。因此，在不得已的情况下，要考虑截去部分肢体的手术方式。

4）前哨淋巴结活检

前哨淋巴结，顾名思义，就是淋巴结转移的第一站。该处淋巴结活检是对黑色素瘤进行准确分期具有重要意义。因此对于活检时提示肿瘤侵犯深度在1.0毫米以上的，或者在0.8毫米以上但伴溃疡的病例，都推荐进行前哨淋巴结活检。

5）局部淋巴结清扫

局部淋巴结清扫就是尽量清除指定区域的淋巴结并送检。对于前哨淋巴结活检阳性，或者有明显淋巴结受累的患者，推荐对受累淋巴结区域进行淋巴结清扫。研究表明，淋巴结清扫可以延后患者的肿瘤复发时间。

2. 放疗

放疗主要针对无法手术或者手术无法彻底清除病灶的病例，尤其是针对颅内转移、深部淋巴结受累、肿瘤负荷较重的患者。可以通过放射线的辐射作用，尽量促进肿瘤细胞的凋亡，达到控制肿瘤进展的目的。

3. 药物治疗

黑色素瘤的药物治疗在最近十几年中取得了重大的突破。虽然黑色素瘤对于常规化疗药物反应率极低，但是近年来出现的靶向、免疫治疗药物，单用或者联合化疗药物明显延后了肿瘤复发时间及提高了患者的中长期生存率。其中，靶向治疗药物是针对特定的基因位点设计的精准治疗药物，对于伴特定基因突变的患者，具有明显优于常规化疗药物的效果。另外，免疫治疗药物主要通过提高机体免疫系统对肿瘤细胞的辨识和杀伤能力，从而调动自身免疫系统清除肿瘤。大量研究证明，靶向和免疫治疗药物以及化疗药物的联合使用，可能会有更好的抗肿瘤效果。靶向和免疫治疗药物往往都是新药，价格较高，曾让许多患者望而却步，但随着国家医保政策的进一步改革，也有越来越多的，包括上述两种药物的新药被纳入社保范畴，给肿瘤患者带来了福音。

专家总结

　　黑色素瘤的治疗与其他肿瘤一样，说到底就一个字——"早"。早发现、早诊断、早手术就可以以极小的经济和健康代价来获得长久的治愈效果。因此，全民提高对黑色素瘤的认识和重视十分必要。亲爱的读者，如果你身边有患黑色素瘤风险的家人或朋友，一定要让他们了解一下黑色素瘤的相关知识哦。

（陈明懿）

第三章

甲外科与静脉曲张

一、指（趾）甲出现黑线和黑斑怎么办？

朋友们，你们是否遇到指（趾）甲出现一条黑线和黑斑的情况，当出现这种情况的时候是不是相当紧张？担心出现恶性病变？这是因为你们对这方面的知识不了解。现在我们就先来了解一下什么叫黑线和黑斑。黑线和黑斑我们统一叫黑甲，黑甲多数是由黑色素或含铁血黄素在甲板内沉积引起。导致的原因有很多，如甲下出血、外伤、药物、种族、感染、甲母痣、甲下雀斑样痣以及黑色素瘤等均可导致黑甲的出现。黑甲的病因一般分黑素细胞活化、黑素细胞增生和非黑色素来源的黑甲。

黑素细胞活化又称功能性黑甲，是指（趾）甲母质中黑素细胞合成黑色素增多，但黑素细胞的数量没有增加。大多数单发的成年黑甲患者由黑素细胞活化引起。多种生理、病理以及外界因素可导致黑素细胞的活化。

1. 生理性黑甲

种族因素和妊娠状态可引起生理性黑甲。种族性黑甲的发病

率与皮肤光型相关。肤色深的
人群如黑色人种、黄色人种更
容易发生生理性黑甲。黑甲
条带多见于用于抓握（如拇
指、食指和中指）以及易受伤
（如拇趾）的指（趾）甲。黑
甲条带的宽度和数量随年龄增
长而增加（图2-3-1）。

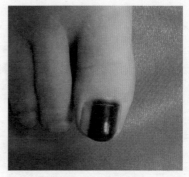

图2-3-1　甲母痣

2. 外伤性黑甲

如果指（趾）甲受到慢性反复性外伤亦可引起黑素细胞活
化。这多见于穿鞋过紧或遭反复踩踏的趾甲。通常呈双足对称性
出现，第四、五趾甲最常累及。此外，剔甲癖、咬甲癖、摩擦性
损伤或职业性创伤均可能引起功能性黑甲，此时常伴有甲板或甲
周组织的畸形。

3. 医源性黑甲

黑素细胞活化可继发于光疗、X线暴露、电子束治疗或药物
服用后。医源性黑甲常为多个指（趾）甲受累，可表现为甲床
色素沉着、横向黑甲或纵向黑甲等，多同时伴有皮肤色素沉着。
其中，药物引起的黑甲多见，首先应考虑羟基脲、博来霉素、氮
芥、多柔比星、依托泊苷、环磷酰胺等化疗药物，此类黑甲停药
后可逐渐消退。

4. 皮肤病及系统性疾病相关黑甲

多种皮肤病（如银屑病、扁平苔藓、黑棘皮病等）及系统性疾病（如库欣综合征、艾迪生病、高胆红素血症、卟啉病、系统性红斑狼疮等）均可引起功能性黑甲。一般多指（趾）受累，可伴皮肤色素沉着。此外，基底细胞癌、鲍恩病、假性黏液囊肿、甲下纤维性组织细胞瘤、寻常疣等非黑素细胞性甲肿瘤亦可激活黑素细胞，从而引起单发的纵行黑甲。

黑素细胞增生是（趾）甲母质中黑素细胞数量增加形成的，可分为良性增生（好的）与恶性增生（坏的）。良性黑素细胞增生可分为有痣细胞巢的甲母痣和无痣细胞巢的甲下雀斑样痣。据统计，83.3%的儿童纵行黑甲为良性黑素细胞增生性病变，以甲下雀斑样痣为主。黑素细胞恶性增生时即为甲黑色素瘤。早期可表现为甲母痣、甲下雀斑样痣等良性病变。

非黑色素沉着性黑甲：

含铁血黄素及其他色素沉着亦可引起黑甲，一般表现为甲下出血和甲的真菌感染。甲下出血是指外伤引起甲板下出血，甲板下有境界清楚的黑红色出血斑片，为含铁血黄素沉积引起，可随着甲板的生长而缓慢地向前推出甲床达到痊愈。外瓶霉属、红色毛癣菌等真菌以及变形杆菌等少部分革兰阴性菌感染指（趾）甲后可产生色素，从而引起感染性黑甲。指（趾）甲下铜绿假单胞菌感染，能产生一种假单胞菌色素，使指（趾）甲变绿、变黑，形成甲综合征，多见于长期接触水、肥皂、洗涤剂或潮湿环境的人群。

当你出现黑甲，可以先到医院皮肤科就诊，先做皮肤镜检查评估，利用皮肤镜无创检查鉴别非黑色素沉着性黑甲与黑素细胞性黑甲，进行临床诊断。

黑甲的治疗主要是针对病因治疗。甲下出血、生理性黑甲无须特殊处理；医源性黑甲在去除相关因素后大部分黑甲可消退；皮肤病、系统性疾病、非黑素细胞性甲肿瘤等引起的黑甲以及感染性黑甲，以治疗原发病为主；甲母痣、甲下雀斑样痣等良性黑素细胞增生性黑甲一般无须特殊处理，可以定期观察。但是成年人如果突然出现这类疾病，或成年人黑甲条带突然变宽，则需要手术治疗。良性黑素细胞增生的手术原则是尽量在手术切干净的同时保证指（趾）甲美观。

（应川蓬）

二、甲沟炎反复发作如何是好？

甲沟炎是发生于指（趾）甲周围的炎症，表现为甲沟附近红肿、疼痛、流脓等，常反复发作、迁延不愈，给患者带来极大困扰和不便，甚至影响身心健康。

1.导致甲沟炎发生的原因有哪些?

1）嵌甲

由于指（趾）甲异常生长嵌入甲沟，容易藏污纳垢，软组织受到挤压后使局部血液循环不畅引起炎症，是造成甲沟炎反复发作的主要原因。嵌甲主要是不良生活习惯造成的，如修剪指（趾）甲过短过深、鞋子过小、鞋头较紧等。除此之外，有部分人先天指（趾）甲发育扁平压迫甲沟，甚至整个甲板凹陷嵌入软组织中，使指（趾）甲平面显著低于甲缘，不注意卫生容易滋生细菌而引起甲沟炎，甚至化脓、红肿、疼痛，引起行动不便（图2-3-2）。

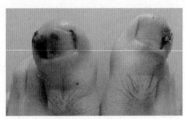

图2-3-2 甲沟炎

2）感染

甲沟炎多与不良卫生习惯有关，比如拔倒刺、咬指甲等不良习惯容易造成皮肤破损，细菌、真菌等容易经过破口进入皮肤组织引起局部炎症，严重者还可引起丹毒、蜂窝织炎，甚至全身感染。真菌感染亦可使甲沟炎反复发作。

3）外伤

踢伤、剪甲等可造成甲沟或者甲床组织损伤而继发细菌感染。青少年由于生长发育旺盛，经常剧烈活动，甲板与甲周皮肤摩擦较多容易引起甲板变形或粗糙，而变形的甲板反过来容易损伤甲周皮肤而继发感染。

2. 甲沟炎怎么处理?

急性甲沟炎一般通过局部处理后会很快好转,可以使用日常生活中比较容易获取的碘伏溶液浸泡患指(趾)来抑菌消炎,同时可配合外用抗生素软膏,如夫西地酸乳膏、多黏菌素B软膏、莫匹罗星软膏等,炎症明显时也可口服抗生素治疗。由于急性甲沟炎不一定有剧烈疼痛,所以容易被忽略而延误治疗。敲重点:如果出现甲沟红肿一定要及早就医。

嵌甲是引起慢性甲沟炎反复发作最主要的原因,想要甲沟炎根治的终极办法是外科手术。目前临床常用的有效方式包括拔甲术联合部分甲床切除术、部分甲床切除术联合指(趾)双侧整形术,医生会根据患者的实际情况设计手术方案。手术需要在甲沟无炎症状态下进行,所以一般术前医生会让患者浸泡碘伏溶液、外涂抗生素软膏。

虽然手术能达到根治甲沟炎的目的,但也并不是一劳永逸的办法。术后最重要的是要改掉不良生活习惯,保持良好的卫生习惯。穿宽松合脚的鞋子,注意指(趾)甲的清洁卫生,勤洗脚、勤换袜。掌握正确的修剪指(趾)甲的方法,不可修剪过短过深,不要粗暴手撕甲周倒刺,可以用指甲刀修剪。不建议到足浴等公共场所修脚,也切不可信偏方。如果患有足癣、甲癣应及时治疗。此外,有些儿童有咬指头的坏习惯,家长要及时制止纠正。

(黄林雪)

三、甲沟炎术后该怎么护理?

1. 甲沟炎术后到拆线前要注意些什么?

①术前需要准备宽松的拖鞋,避免患处过于闷热、潮湿。

②伤口处不能沾水,如果伤口处敷料不慎被浸湿需要立刻到医院进行换药,术后常规每隔1天到正规医院进行换药。

③避免长时间站立以及长时间、长距离行走,否则会加重伤口的出血,特别是术后第1天,避免穿不合脚的鞋子,鞋子过紧会导致患处局部压力过大引起出血。

④必要时遵医嘱配合口服抗生素,如阿莫西林胶囊进行预防感染的治疗。

⑤一般术后第14天可以进行伤口处拆线。个别患者有个体差异,伤口恢复较慢,虽然已到正常拆线时间,但可能还没有完全恢复。

2. 为什么做了手术,脚趾肿得更凶了?

因为术中会将麻醉药注射到局部,引起局部组织水肿,并且手术也会对甲周围的组织有一定的破坏,使静脉回流和淋巴回流受到阻碍,造成细胞内外的组织液无法及时吸收和回流,造成伤口肿胀。一般肿胀会在3天后逐渐开始消退,术后14天基本恢复正常。

3. 甲沟炎手术拆线以后可不可以打球?

可以打球,建议在术后1个月伤口已经完全恢复时再进行打球等体育锻炼,但仍然需要注意观察伤口情况,不可过于激烈,一旦出现异常情况及时就医。

4. 甲沟炎手术后恢复好了，需要注意些什么才能不复发？

①正确修剪指（趾）甲。

②避免外伤，甲周有倒刺时，用指甲剪剪掉，不要用手撕拉。

③选择大小合适、轻便的鞋子，养成良好的卫生习惯。

5. 甲沟炎手术后该怎么护理？

无论采用哪种手术方式，术后都需要观察伤口有无红、肿、热、痛，有无分泌物以及功能障碍等，拆线时间为术后第14天。除常规换药外，还可增加氦氖激光照射，不仅可以消炎、消肿，还可促进局部血液循环，减轻疼痛，促进伤口愈合。

6. 经常修剪指（趾）甲为什么还会得甲沟炎？

在正常情况下，需定时剪指（趾）甲。但医生也不建议修剪指（趾）甲过于频繁，尤其对于趾甲而言，不应过度修剪导致甲床向内退缩，导致甲容易嵌顿，如两侧靠前的甲沟部位，引起嵌甲感染。

7. 扯倒刺后会造成甲沟炎吗？

扯倒刺稍不注意会导致皮肤损伤，继而有可能引起细菌感染，而细菌感染与皮肤损伤都是引起甲沟炎的主要因素。所以建议大家不要轻易扯倒刺，可以用指甲刀或者小剪刀剪掉多余的倒刺。

8. 甲沟炎患者居家怎么护理？

①轻中度甲沟炎可以使用碘伏加温水泡脚，比例为碘伏：温水=1：9，颜色呈淡茶色即可，早晚泡患处15～20分钟，外用消炎软膏（莫匹罗星、夫西地酸等），必要时口服抗生素。

②抬高患处，减少走动。

③保持鞋袜干燥舒适，减少挤压。

④若为嵌甲或炎症引起的甲侧肉芽肿，就需要到医院进行手术治疗。

（赖小梅　曹慧莉）

四、下肢静脉曲张是怎么形成的呢？

说起下肢静脉曲张，可能很多人想到的首先是"蚯蚓腿"，就是静脉突出于皮肤表面并形成明显迂曲的样子。但其实，下肢静脉曲张包括从早期的毛细血管扩张（图2-3-3），到中期的肉眼可见的曲张静脉伴胀痛、麻木、烧灼感染、抽搐等多种症状，再到皮肤改变（淤积性皮炎：类似于湿疹样的皮损，常伴色素沉着或者减退、瘙痒、皮肤变硬等），最后导致"老烂腿"（即反复出现的皮肤静脉性溃疡）等一系列病谱性疾病（图2-3-4）。

下肢静脉曲张几乎是人类特有的疾病，在其他四肢着地行走

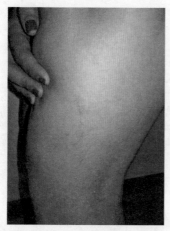

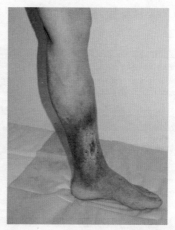

图2-3-3　下肢静脉曲张的早期
　　　　表现：毛细血管扩张

图2-3-4　下肢静脉曲
　　　　张的晚期
　　　　表现：下肢静脉曲
　　　　张+皮炎+静脉性溃疡

的动物上很少能见到。150万～300万年前，人类进化到双下肢直
立行走的猿人阶段，具备了人类特有的标志之一。直立行走解放
了人类的双上肢，用于其他更重要的事情，但也让人类付出了一
定代价，其中之一即是下肢静脉曲张，这与人类的双下肢承受了
全身体重密切相关。

　　虽然听起来有点复杂，但归根结底，上述所有下肢静脉曲
张的临床表现，均是慢性下肢静脉功能不全所致。而所谓慢性
下肢静脉功能不全，是指多种原因导致的下肢静脉压力增高、回
流障碍或者反流，常见的原因包括先天性血管壁薄弱、静脉瓣膜
异常、发育不良及长时间站立、坐着不动、负重，或者妊娠、肥
胖等导致体重增加的因素，以及肿瘤等占位性病变压迫血管引起

梗阻等。正如黄河长期的泥沙冲积会导致下游河床抬高，导致河水泛滥一样，长期的静脉压力，也会导致血管逐渐增宽，扭曲变形，最终导致静脉曲张。而曲张的静脉又会进一步加重静脉回流障碍，形成恶性循环。从而导致下肢静脉曲张、淤积性皮炎、静脉性溃疡等一系列临床表现。

下肢静脉曲张的好发人群为中老年人群，女性、高龄、肥胖、吸烟、糖尿病等是该病的危险因素。根据《中国慢性静脉疾病诊断与治疗指南》，下肢静脉疾病在我国的患病率约为8.89%，即近1亿患者受该病困扰。其中，静脉性溃疡占1.5%。

除上述原因外，一些不良生活习惯也会导致静脉曲张或者加重原有的静脉曲张。如久站久坐（超过30分钟）、负重、穿高跟鞋、跷二郎腿、泡热水脚等均为危险因素。这里可能有读者不理解，每天晚上泡泡热水脚，舒筋活血，有利睡眠，多好啊，为啥会加重静脉曲张呢？其实道理并不难理解，我们知道静脉曲张产生时，因为静脉血液回流不畅，会有超过正常量的血液淤积在下肢静脉系统里。泡热水脚时，血管遇热后自然扩张（皮肤散热机制之一），导致淤积在下肢静脉系统的血液进一步增多，从而加重静脉负担，加重静脉曲张。

了解了下肢静脉曲张形成的原因后，也就不难理解为何对于出现下肢皮肤淤积性皮炎或者静脉性溃疡的患者，医生会建议其做下肢血管的详细检查了。接下来就给大家简单介绍一下常用的血管检查。

1. 在没有静脉影像学检查的条件下，有些传统的查体方法可以初步判定静脉异常情况

①大隐静脉瓣膜功能试验（Trendelenburg 试验）：用来判定隐股静脉瓣膜和大隐静脉瓣膜功能是否完善。

②深静脉通畅试验（Perthes试验）：用来判断深静脉是否通畅。

③交通静脉瓣膜功能试验（Pratt试验）：可依次检查下肢任何节段是否存在反流的交通静脉。上述方法主要是医生指导患者通过变化体位，辅助压脉带、弹力绷带等方式来进行简便的初步筛查。精准程度不高，不能作为诊断和指导治疗的确切依据。

2. 彩色多普勒超声检查

彩色多普勒超声检查无创、便捷、直观。可以用于术前检查（图2-3-5）、术中引导、术后随访等多个阶段。具有经验的外科医生也可以利用彩色多普勒超声检查进行更精准的微创手术。

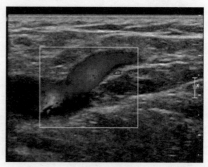

图2-3-5 术前彩色多普勒超声检查
注：隐股静脉交接处存在异常反流，具备手术指征。

3. 静脉造影（包括顺行和逆行静脉造影）

静脉造影能够直观地反映出下肢静脉的形态、病变或阻塞的部位以及反流的程度，是反映静脉系统病变的有效方法，对深静脉瓣膜功能不全、髂静脉受压、先天性下肢静脉发育畸形有不可替代的优势。如彩色多普勒超声检查高度怀疑反流或梗阻但诊断不明确者，可选择静脉造影。

 专家总结

　　导致下肢静脉功能不全的原因，除原发性静脉功能不全外，还有一些疾病导致的继发性静脉功能不全。比如布加综合征（多种原因引起的肝静脉及其开口以上的下腔静脉出现阻塞性病变）、髂静脉压迫综合征，以及先天性发育异常导致的K-T综合征（同时伴有骨肥大及静脉畸形）等。同时，下肢静脉性溃疡（老烂腿）也需要与其他原因导致的溃疡鉴别，如动脉性溃疡、糖尿病足溃疡、坏疽性脓皮病、类脂质渐进性坏死、自身免疫性疾病、皮肤肿瘤等其他多种原因，均可以导致迁延不愈的下肢慢性溃疡。因此，患者切勿自行诊断或者接受不规范的诊疗，一定要到正规医院接受专科诊疗，避免耽误病情甚至导致病情加重。

（陈明懿）

五、预防下肢静脉曲张有哪些方法呢?

亲爱的读者,如果你对于下肢静脉曲张的预防和治疗十分感兴趣的话,相信你在认真阅读了关于下肢静脉曲张的形成原因后,一定会更容易理解其预防和治疗方法。

由于下肢静脉曲张的最开始和最重要的原因就是下肢静脉压力增高。人类进化到直立行走阶段后,双下肢要承载全身的重量,自然下肢静脉压力也明显高于全身其他部位静脉的压力。因此各种预防方法的核心,就是减轻下肢静脉的压力。

常见的预防方式有以下几种。

1. 减少或者避免不良生活习惯

①久站久坐会明显增加下肢静脉曲张的风险,应尽量避免持续30分钟以上的站立或者坐着不动。

②高跟鞋也是下肢静脉曲张的高危因素之一,因为穿着高跟鞋时,小腿的屈侧肌肉持续处于紧张状态,无法通过交替收缩—舒张—收缩的肌肉泵作用来促进下肢静脉血液回流。

③肥胖会导致体重增加,进一步增加静脉压力;妊娠除了导致体重增加外,对下腔静脉(就是下肢静脉的上游血管)的压迫增加也会导致静脉回流不畅,从而导致静脉曲张。

④热水浴足也会加重静脉曲张,这可能与许多读者认为的"泡泡热水脚舒筋活血"有利于改善下肢血液循环相反。这是因为

下肢静脉曲张产生时,会有超过正常量的血液淤积在下肢静脉系统里。而热水浴足时,血管遇热后自然扩张,导致淤积在下肢静脉系统的血液进一步增多,从而加重静脉负担,加重静脉曲张。

⑤跷二郎腿会加重静脉曲张,因为这一姿势导致下面的腿承受了额外的重量导致压力增高;同时,放在上面的另一条腿上,因为小腿屈侧的局部持续受压,也会导致静脉回流受阻。

⑥过紧的裤子也会加重静脉曲张,因为普通的裤子不具备弹力袜这样的压力梯度(根据人体生物学特点设计的,从低位到高位,压力逐渐降低的特性),而仅仅是局部,且往往是腿最粗的位置阻力大,就像给下肢戴了"紧箍咒",会进一步导致静脉回流障碍。

2. 压力治疗

压力治疗对延缓病情进展、为有创治疗(手术、注射等)创造良好条件、巩固治疗效果都具有重要意义,是保守治疗的首选。但如何选择弹力袜、如何穿戴、何时穿戴,均是十分重要的问题,否则可能事倍功半,甚至适得其反。

目前市面上出售的弹力袜种类繁多,患者往往困惑于如何选择合适的弹力袜。下面介绍一下弹力袜的选择方法。

判断弹力袜是否合适的总体原则是患者穿上后,合适的压力会促进静脉血液回流而不会影响肢端血供。患者往往感觉腿部有舒适感,而不是感到很勒或者疼痛。

弹力袜主要有以下几种类型：

①一级低压预防保健型（压力为15～25毫米汞柱*），适用于静脉曲张、血栓高发人群的保健预防。

②二级中压初期治疗型（压力为25～30毫米汞柱），适用于下肢静脉曲张初期患者。

③二级高压中度治疗型（压力为30～40毫米汞柱），适用于下肢已经有明显静脉曲张（站立时静脉血管突出皮肤表面）并伴有腿部不适感的患者（如下肢酸乏肿胀、湿疹瘙痒、抽筋发麻、色素沉着等），静脉炎、怀孕期间严重静脉曲张、静脉曲张术后（大隐静脉剥脱术）、深静脉血栓形成后综合征患者。

④三级高压重度治疗型（40～50毫米汞柱），适用于下肢高度肿胀、溃疡、皮肤变黑变硬、高度淋巴水肿、整形抽脂术后恢复期患者。

同时，弹力袜分中筒袜（膝下）、长筒袜（齐大腿）、连裤袜（齐腰部）几种（图2-3-6）。对于接受大隐静脉主干手术后或者膝盖以上也有明显静脉曲张的患者，建议使用长筒或者连裤袜；此外，连裤袜还可以避免弹力袜向下滑脱，尤其适合对长筒袜的防滑垫过敏的人群。如果仅仅是膝盖以下部位伴有早期的轻微静脉曲张患者，仅使用中筒袜即可。弹力袜的大小应根据患者的尺码来选择（表2-3-1）。

---

*　1毫米汞柱≈0.133千帕。

表2-3-1 弹力袜的尺码选择

测量位置	I（XS）	II（S）	III（M）	IV（L）	V（XL）
大腿较粗cG[1]	46～56	49～60	52～63	56～67	58～72
小腿较粗cC[2]	29～36	32～40	34～43	37～45	39～48
脚踝较细cB[3]	19～20	20～22	22～24	24.5～27	27～30

注：①cG为大腿最大周长；②cC为小腿最大周长；③cB为脚踝最小周长。

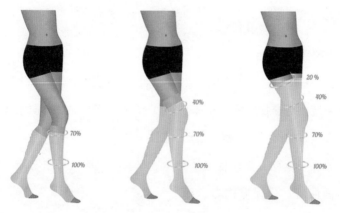

图2-3-6 不同长度的弹力袜

此外，弹力袜的穿戴时间也非常重要。对于预防病情加重的早期下肢静脉曲张患者，穿戴时间最好选在需要久站久坐、负重等情况时，休息时可以取下，同时尽量把下肢抬高；对于中晚期下肢静脉曲张患者，应在除睡觉（平卧）时的其他时间尽量持续穿戴，以保持对血管的促进回流压力；对于手术或注射治疗后的患者，应该根据病情，保持24小时持续穿戴1～2周，对于部分深静脉功能异常患者可能需要延长穿戴时间。

另外，需要注意的是，对于伴有下肢动脉病变引起的肢端供血不足者需非常谨慎。对于怀疑有下肢动脉病变患者，需要测量踝/肱指数（测量踝部收缩压与肱动脉收缩压的比值）、行下肢动脉血管彩色多普勒超声检查或者血管造影来诊断。对于患者来说，如果常常抬高患肢后下肢出现疼痛或者疼痛加重，或者长距离走动后出现间歇性跛行（因疼痛导致一瘸一拐，休息后缓解），就需要注意下肢动脉病变的可能，需要尽早到医院就诊。

3. 踝泵运动

一些简单易行、无须特殊器械辅助的方式可有效改善下肢静脉回流。对下肢静脉曲张的潜在危险人群或者已患静脉曲张者，都有良好的作用，如踝泵运动（图2-3-7）。

踝泵运动，简而言之就是通过踝部的主动活动来增加静脉血液回流。具体方式为：分别使用踝部跖屈、背屈、内扣、外展以及环绕动作各10秒，每个动作4～6次，每天3～5组。研究发现，即使仅进行持续1分钟的踝泵运动，下肢静脉血液回流的速度也会加快；即使与间歇充气压力装置（一种作用于腿部肌

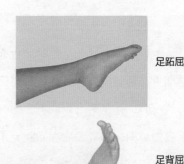

足跖屈

足背屈

图2-3-7　踝泵运动示意图

肉的加压装置）相比，踝泵运动促进静脉回流的效果仍然不差，甚至更优。因此，对于忙碌的上班族以及教师、外科医生等职业的人而言，工作之余稍微腾出时间来进行踝泵运动，能有效预防静脉曲张的产生和改善已有症状。

4. 抬高患肢

在休息时，可以将下肢垫物品或者靠墙抬高，须高于心脏平面，促进下肢静脉血液回流心脏。每天3次，每次5～10分钟，也能有效改善下肢静脉曲张。

5. 锻炼下肢肌肉泵

可以通过骑车、游泳、跳绳、无负重慢跑等方式来增强小腿腓肠肌泵的功能，从而促进下肢静脉回流。但对于大体重人群来说，须先控制体重，再循序渐进地采取慢跑、跳绳等方式，以减少对膝关节的损伤，同时减轻对血管的压力，避免适得其反。

（陈明懿）

六、下肢静脉曲张的治疗方法有哪些呢？

总体而言，下肢静脉曲张的治疗方法分为非侵入性治疗和侵入性治疗两种。

1. 非侵入性治疗

非侵入性治疗，也叫保守治疗，主要是压力和药物治疗。

1）压力治疗

可贯穿于各种级别的下肢静脉曲张治疗的始终。对于减缓疾病进展、促进治疗后血管闭锁及减轻下肢肿胀、皮肤改变、静脉性溃疡均有一定的作用。其主要原理是利用有梯度的压力（从远端到近端，压力逐渐降低），模拟肌肉泵的作用，使浅静脉完全萎瘪，促进静脉血液通过深静脉回流。压力治疗可以使用的材料包括弹力绷带、循序减压的弹力袜以及间歇充气加压等。值得注意的是，对于伴有下肢动脉病变引起的肢端供血不足者需非常谨慎。关于压力治疗的具体方式，我们已经在前详细阐述过了，有兴趣的读者可以返回阅读。

2）药物治疗

近年来，随着下肢静脉功能不全（下肢静脉曲张的"元凶"）这一疾病应作为慢性疾病进行长期管理的理念被越来越多的学者所认可。该疾病的药物治疗也日益受到重视。

下肢静脉功能不全的药物治疗以静脉活性药物为主，包括黄酮类、七叶皂苷类以及香豆素类。主要用于缓解患者的下肢沉重、酸胀不适、疼痛和水肿等临床表现。虽然药物本身并不能逆转已经产生的静脉病变，但可以缓解疾病进展，同时可以与手术、腔内热消融、泡沫硬化剂以及压力治疗等联合使用，从以下几个方面提升下肢静脉功能不全的治疗效果。

①降低毛细血管通透性、抗炎，减少渗出。

②提升静脉弹性和张力。

③促进静脉回流和淋巴回流，改善微循环。

④抗氧自由基，保护受损的组织细胞。

2. 侵入性治疗

侵入性治疗，也称有创治疗，主要原理是通过手术阻断或祛除有问题的静脉，使血液通过正常静脉系统回流，从而打破反流—血管变形—加重反流—加重血管变形的恶性循环，阻断病情进展，恢复相对正常血流动力学系统。具体手术方式主要包括传统大/小隐静脉高位结扎+抽剥术、静脉腔内热消融术、静脉功能不全的保守血流动力学治疗（CHIVA）、静脉腔内药物黏合术、静脉透光旋切术、腔镜深静脉下交通静脉结扎术（SEPS）、泡沫硬化剂注射术、点式抽剥术等多种手术方式。下面介绍几种主要方式。

1）传统下肢静脉曲张手术

自公元前400年希波克拉底所处的时代开始，就有涉及下肢静脉曲张的手术治疗的相关记载。时至今日，包括大隐静脉高位结扎+属支离断+主干剥除、交通支离断结扎以及曲张静脉点式抽剥术在内的开放式静脉手术，仍然是不少学者认可的标准治疗方式。手术要点在于对于距离隐股静脉交汇处0.5～1.0厘米进行结扎离断，并根据情况处理其属支，以降低复发率。另外，针对交通静脉的手术方式，包括筋膜下交通静脉结扎术、筋膜外交通静脉结扎术以及SEPS，前两者属于传统开放式手术，因为创伤大、术后愈合延迟、皮肤感染等并发症，因此使用越来越少。而SEPS因为需要专门的腔镜设备和人员培训，加上微创的程度相对有限，而且仅能治疗交通静脉，不能同时处理大隐静脉主干和曲张静脉，因此目前主要用于严重的交通静脉功能不全患者（图2-3-8）。

2）静脉腔内热消融术

静脉腔内热消融术主要是使用介入相关技术，通过包括静脉腔内激光、射频、微波等热能量的方式，将病变的静脉选择性闭锁。其中激光的主要原理是利用光纤发出的脉冲或者持续能量，造成静脉壁的间接性热损伤，然后使血管壁纤维化愈合以及腔内少量血栓形成，最终导致静脉闭锁。而射频和微波的能量则可以即刻闭合目标静脉。通过阻断病理性反流，使静脉血液通过相对正常的深静脉系统回流，从而减少下肢静脉功能不全的相关并发症产生（图2-3-9）。

图2-3-8　大隐静脉及其属支高位结扎+抽剥术中

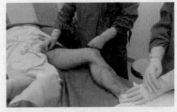

图2-3-9　下肢静脉腔内激光消融术中

3）泡沫硬化剂注射术

硬化剂技术是利用药物作用于静脉内皮细胞壁，引起局部无菌性炎症反应及血栓形成，最终使静脉闭锁的手段。1939年，McAusland等医生将液体硬化剂改进为泡沫硬化剂，从而大大减少了血液对药物的稀释作用，使药物有更大的面积作用于血管壁，改进了硬化剂的效果。目前国际使用的主要是聚多卡醇和十四烷基硫酸钠，国内也有聚氧乙烯月桂醇醚可作为选择。使用前即刻配置，采用三通旋塞阀（Tessari法）或双向连接器（Tessari-DSS法）将液体与空气按1：4~1：3的比例配制成均匀的泡沫硬化剂（图2-3-10）。也有学者提出，使用CO_2代替空气，可以取得更均匀黏稠和更持久的泡沫。

图2-3-10　配置泡沫硬化剂

4）CHIVA手术

该手术是利用血流动力学原理，仅阻断病变部分的血管内的血液流动，从而保留大部分正常的浅表静脉系统。但由于静脉系统的个体差异较大，术前需行彩色多普勒超声检查精确定位血管病变位置，手术设计对操作者经验要求较高，且对于较重的血管疾病患者疗效不佳。

（陈明懿）

第四章
白癜风与腋臭

一、什么是白癜风？

我们身上出现的白色素斑块，形状不规则，就像地图一样（图2-4-1），有时毛发还会随着皮肤变白，比如黑发也会变成一撮白发，这样很影响美观，不利于社交和生活，也会影响心情，时间久了，严重的还会导致抑郁，这就是白癜风。下面我们就来聊聊，我们身边的这种常见病——白癜风。

白癜风是一种常见的色素脱失性皮肤病，表现为局限性或者泛发性色素完全脱失，有色人种的发病率高于白色人种，任何年龄都可发病，也可发生于身体的任何部位。

发病机制尚不明确，现在有很多的学说，比如遗传、内分泌、精神因素及代谢功能等方面的紊乱，导致体内色素相关的酶系统抑制；黑素细胞氧化性损伤敏感，导致色素

图2-4-1 白癜风所致明显不规则的白斑

细胞的早期异常或者死亡；免疫机制；褪黑素的原因；调节机制失调；角质形成细胞失衡，从而影响黑素细胞的生长等因素。

任何年龄均可发病，多见于青壮年人群，也可以发生于任何部位，受阳光照射和摩擦部位可有同形反应，压力、摩擦也可继发色素脱失。根据皮损范围和分布，可将本病分为三型：局限型、泛发型、全身型。

白癜风可以合并自身免疫性疾病，wood灯和皮肤镜、皮肤CT对白癜风的诊断有一定的帮助。

诊断的标准：

①色素脱失斑，边界清楚，好发于暴露部位和皱褶部位。

②白斑上的毛发可变白也可无变化。

③可发生于任何年龄。

④病理显示基底层几乎完全缺乏多巴胺染色阳性的黑素细胞。

白癜风的治疗方式很多，包括饮食方法、局部外用激素、系统激素治疗、光疗和光化学疗法、皮肤磨削后表皮移植术，以及自体黑素细胞皮片移植、黑素细胞移植术等。

（袁清）

二、白癜风表皮移植术是怎么回事？

白癜风表皮移植术是治疗暴露部位局限型白癜风的重要的治疗方式。这个手术适应于静止期、局限型、节段型和注重美容者，有瘢痕体质和进行期的白癜风患者禁用。

根据皮损的范围、大小选择表皮移植机、负压吸疱（图2-4-2）或者徒手取皮的方式，获取患者身上正常部位的表皮组织，然后用皮肤磨削的方式祛除白斑区的表皮，再将在获取的表皮贴附在原来的白斑区域。

图2-4-2　用吸疱器进行吸疱

术后需要注意：由于表皮需要紧贴皮肤才能成活，所以患者需要局部尽量制动，以减少表皮的移动，避免表皮坏死，术后可以口服半个月的激素，以减少同形反应的发生。

这个方法的优点是方法简单、治愈率高，缺点是一次性治疗面积受限，面积较大的常需多次治疗，可能出现斑点状色素不均的现象。

专家总结

　　白癜风是损容性皮肤病，患者的心理压力大，建议尽早到正规医院治疗，以免耽误病情，影响治疗效果造成终身遗憾。

（袁涛）

三、什么是腋臭、多汗症、臭汗症?

关于腋下的异味和多汗,有很多不同的说法,腋臭、多汗症、臭汗症……下面我们就来看看它们是什么? 该怎么处理。

1. 什么是腋臭?

夏天来了,很多人身上出现异味,我们老百姓叫狐臭,医学上叫腋臭,那么这个是如何产生的呢? 为什么会产生这个难闻的气味呢? 我们人体皮肤下面有两种汗腺,一个叫大汗腺,一个叫小汗腺,腋臭就是腋下的大汗腺在作怪,大汗腺分泌的汗液到皮肤表面,被皮肤表面的细菌分解,产生了硫化物的味道,就是我们闻到的味道——腋臭。

2. 什么是多汗症?

很多朋友一吃饭或一动就流很多汗,其实这个可能是多汗症。多汗症我们要分三种情况:

①疾病性的,如甲状腺功能亢进、糖尿病、神经系统疾病。

②功能性的,要改善的话就需治疗原发病,如精神紧张、焦虑、恐惧等。

③髓性多汗症,又称味觉性多汗症,吃了刺激味蕾的食物就会流汗,这个有家族遗传倾向,没有办法根治,如果影响生活可以使用止汗剂。

3. 什么是臭汗症？腋臭与臭汗症关系？

臭汗症是由于汗液具有特殊臭味或小汗腺分泌的汗液被细菌分解后产生异味的一种疾病，难闻但可以接受，但腋臭就不一样了，它是大汗腺分泌的物质被皮肤表面的细菌分解后产生的一种硫化物的味道，这两种引起的原因不同。

4. 腋臭与哪些因素有关？

腋臭主要是出汗不良，这主要与遗传因素有关，大汗腺分泌的汗液到皮肤表面，被皮肤表面的细菌分解，产生了硫化物的味道，就是我们闻到的味道。

5. 腋臭与体臭是什么关系？

体臭和腋臭虽然都是身体的一种异味表现，但是两者还是有着明显的区别，一般体臭都是体表的腺体分泌物增多引起的，容易出汗的体臭大，虽然腋臭也是汗腺这种腺体功能紊乱导致的，但是这种臭味都分布在汗腺分泌多的腋下等处，体臭要是注意卫生经常沐浴则不会有，但是腋臭会一直存在，还得治疗才能祛除。

6. 腋臭能自己好吗？

在一般情况下，腋臭是不会自己好转的。腋臭患者产生气味轻重多与患者的运动量相关，适量的运动和经常进行腋下的清洁也可以减轻腋臭，应注意个人的日常卫生问题，勤换衣物，勤沐浴，但要想改善腋臭仍需进行手术治疗。

7. 腋臭都需要手术吗？

不一定，手术虽然是治疗腋臭的重要手段，但以下情况是不建议手术的：

①年龄未满18周岁，汗腺还没有发育完全，术后复发的概率很大。

②有严重瘢痕体质的患者术后可能形成较严重的瘢痕，可能会影响肢体活动。

③腋臭味较轻的患者也不建议手术，讲卫生、勤清洁才是重点。

（陈玉平）

四、治疗"狐臭"有哪些方法？

"狐臭"学名叫腋臭，那么如何治疗腋臭呢？治疗方法大概分三类：第一类为气味较轻者，保守治疗，即保持局部清洁、干燥，勤换衣服，必要时局部使用止汗露等；第二类为气味偏重，影响周围人者，可使用肉毒毒素、无水乙醇、5-氟尿嘧啶局部注射，可重复使用；第三类为气味重，严重影响其生活、学习、工作、交际等者，可采用光电或手术治疗（激光、电针、黄金微针、光纤、腋毛区大切口、小切口等），该方式属有创，都会留下不同程度的瘢痕。

1. 哪些腋臭需要手术？

顽固性的腋臭可以选择手术，但应成年后再进行，因为从青春期到成年前这段时间，汗腺的发育还在不断进行，如果太早做手术，汗腺还会继续发育增多，容易复发（图2-4-3）。

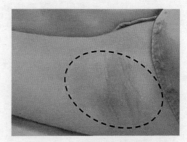

图2-4-3　腋臭集中区域

2. 腋臭手术有哪些方式？各有什么优缺点？

手术主要分为腋下大汗腺全切术和微创治疗手术。腋下大汗腺全切术是将腋窝含有大汗腺的这整块的皮肤及皮下的这个大汗腺全部切除掉，然后缝起来（图2-4-4）。此方式缺损很大，缝合后的切口张力也很大，伤口容易裂开，造成切口感染。术后往往也会形成比较严重的瘢痕，甚至影响胳膊的上举。微创治疗手术的要点是不切除皮肤，只是在腋窝处做一个较小的切口，通过这个切口分离皮肤和皮下组织（图2-4-5），剪除或刮除皮下的

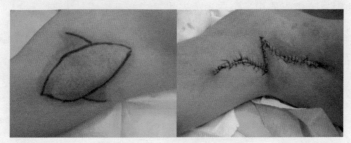

图2-4-4　腋下大汗腺全切术

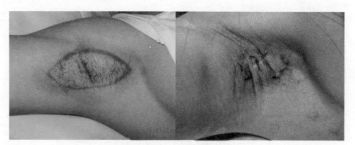

图2-4-5 微创治疗手术

大汗腺组织。术后的瘢痕相对较小，大汗腺清除也比较彻底。但此方法对于手术操作要求较高，术后必须进行严格加压包扎，限制双臂活动7~10天，若控制不好，则有一定皮下淤血、表皮坏死风险（图2-4-5）。

目前，更新颖、更微创的治疗方式还有通过半导体激光（光纤）介入消融的方式祛除大汗腺。这种方式瘢痕极小，一般仅有针头大小浅表瘢痕，术后护理也简单、恢复时间短，不过该方法对重度腋臭清除效果不理想（图2-4-6）。

3. 腋臭能根治吗？

根治腋臭确实有一定难度，较轻的腋臭可以通过药物缓解症状，如止汗的药物或气味遮盖剂。比较严重的腋臭要想获得彻底的治疗，

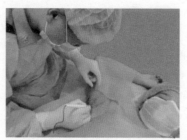

图2-4-6 半导体激光（光纤）介入消融

还是要通过有创的方式祛除大汗腺，但也有复发的情况，这与大汗腺分布较广且并不完集中于腋下区域的特点、个人体质以及治疗情况有关。

（陈玉平　罗东升）

五、腋臭手术方式有哪些？术后该注意什么？

前面说了腋臭是什么，该怎么治疗，现在我们来看看不同腋臭手术治疗方式有哪些区别，都该怎么护理。

1. 腋下大汗腺全切术（大切口切除术）与微创治疗手术（小切口切除术）有哪些优缺点？

大切口切除术效果最好，复发率低，加压包扎时间短，只需1周时间，但是它因切除范围大而引起的创伤也大，瘢痕形成及瘢痕挛缩的可能性大；小切口切除术创伤稍小，切除效果及复发率仅次于大切口切除术，加压包扎时间较长，需10天左右。两种手术相关并发症较多，如小血管出血形成血肿、皮肤局部坏死等。

2. 腋下大汗腺全切术（大切口切除术）与微创治疗手术（小切口切除术）需要怎么护理呢？

这个需要医患双方共同参与。

首先，医护人员需要做的是：在术中严格做好无菌操作，防止术中感染；术后前期加压固定很重要，通常大切口切除术后会用普通绷带采取"8"字绷带法加压包扎，而小切口切除术则会使用自制的加压包并用普通绷带采取"8"字绷带包扎法加压包扎，再用弹力绷带加压，防止术后出血。

其次，术后需定期换药，在换药时观察患处的皮肤情况、血供情况、伤口愈合情况及有无并发症发生（如伤口裂开、皮肤坏死、皮下血肿），如果出现问题及时处理。一般14天拆线，太早拆线容易导致伤口裂开，太晚拆线容易导致伤口处长期存在异物反应，加重瘢痕增生的风险。拆线1周后可以开始使用防瘢痕贴及瘢痕软膏，抑制瘢痕增生。

再其次，患者需要注意切口拆线前不能沾水。制动非常重要，少活动，不做大幅度活动，除了穿脱衣服需要家属帮忙外，还要做到双手不可抬高于肩膀之上（比如搭公交车时拉手环以及骑车、开车转方向盘等动作），更不要提重物，以免影响伤口恢复。饮食上一定要以清淡为主，禁食辛辣及其他刺激性食物及饮酒，防止感染。

最后，拆线半个月或1个月后慢慢开始做康复恢复，早期可以双手稍微抬一抬与肩齐平，再进一步可以摸耳朵，到最后可以完全抬胳膊，活动的时候有轻微疼痛感或牵拉感都属于正常现象。

3. 那半导体激光（光纤）介入消融治疗腋臭又有哪些优缺点呢？

半导体激光（光纤）介入消融是微创手术，所有腋面没有明显瘢痕，比较美观，手术后第3天就可以正常活动（但不包括剧烈运动），复发率稍高于大、小切口切除术，术后皮下会有轻微瘢痕，有可能会引起短期内抬上肢不适。

4. 半导体激光（光纤）介入消融术中术后需要怎么护理呢？

半导体激光（光纤）介入消融术中一定要用无菌生理盐水冰块或冰水边做边冷敷，术毕继续冷敷15分钟，以免光纤散发的温度灼伤皮肤，影响伤口的愈合或者引起皮肤坏死。术后一定不要沾水，持续10天左右，按时换药，根据患者伤口情况决定换药次数及换药的频次。若有坏死破溃，需及时清创并结合氦氖激光照射促进愈合。若有小水疱，不要挑破，因其可自行吸收；若有大水疱，在无菌操作基础上可把水疱挑开，加压包扎。

5. 做腋臭手术需要住院吗？

腋臭手术是常规局麻手术，不需要住院，一般术后口服抗生素预防感染即可。

6. 做完手术后平时在家怎么做才能减少复发呢？

腋臭患者术后可采取一些基本方法来减少复发，如少食辛辣及其他刺激性食物，以清淡为主，少喝酒，少抽烟，适当补充富含维生素及蛋白质的食物，养成良好的饮食习惯。勤换衣服，保持腋下干爽，晚上要早睡，不要熬夜，养成良好的生活习惯。定期随访观察等。

7. 如果复发了我们怎么办?

腋下大汗腺全切术（大切口切除术）、微创治疗手术（小切口切除术）和半导体激光（光纤）介入消融治疗腋臭都有一定的复发率，如果复发也不要紧张，我们会根据情况加封闭注射巩固治疗腋臭，封闭注射后3天不沾水，每天将手掌放在腋窝以顺时针或逆时针方向按摩，若按摩不好不仅会影响效果，还可能出现腋下硬结。

8. 怎么选择腋臭手术方法呢?

医生会根据患者腋下面积和腋臭程度来帮助患者作出决定，腋下大汗腺全切术（大切口切除术）适合腋下面积稍小，皮肤较松弛，中、重度的腋臭；微创治疗手术（小切口切除术）适合腋下面积稍大，中、重度的腋臭；半导体激光（光纤）介入消融适合腋下面积稍小，轻、中度的腋臭。

（陈廷　王歆雨）

第五章

面部赘生物

一、面部赘生物该怎么治疗和护理？

1. 面部赘生物有哪些？

随着人民生活水平的提高，"面子工程"越来越重要。常发生在面部影响美观的常见赘生物有：扁平疣、色素痣、脂溢性角化病、皮脂腺增生、汗管瘤、基底细胞癌、鳞状细胞癌、恶性雀斑样痣或恶性黑色素瘤等。

2. 怎么选择治疗方式？

对于患者来说，处理肯定是越简单越好，但是根据不同的疾病，采取的治疗方式肯定是不一样的。一般来说，对良性病变，我们倾向于采用液氮冷冻、激光烧灼、外用剥脱性药物等治疗方法，例如扁平疣、脂溢性角化病、皮脂腺增生、汗管瘤等。对偏恶性的病变，一般要采用手术的方式尽早祛除，例如不规则色素痣、基底细胞癌、鳞状细胞癌、恶性雀斑样痣、恶性黑色素瘤等。良恶性的判断需要大家去正规医院就诊，根据专科医生的问诊或皮肤镜、皮肤病理等辅助检查结果，做出相关的诊断。

3.治疗后如何护理?

1）激光术后护理

治疗区域一般会有明显伤口，前3天伤口会有轻微泛红、肿胀、渗液等情况，所以建议使用有消炎作用的软膏或者溶液外涂，如莫匹罗星、夫西地酸、乙醇、碘伏、氧氟沙星溶液等。伤口处避免接触生水，尽量少出汗，以免伤口感染。结痂后可使用清水洁面，避免水温过高，然后使用干净纱布块轻轻蘸干，并可涂抹各种修复软膏。外出时需严格做好防晒措施，避免加重炎症后色素沉着。暂停使用含果酸、水杨酸、维A酸等的刺激性产品，使用温和的保湿乳。恢复期间可能出现皮肤瘙痒，属正常现象，可以通过加强保湿或采用间断冷敷的方法缓解，尽量避免搔抓治疗部位。

2）手术后护理

术后应严格遵医嘱，根据手术、部位等，按需选择抗生素口服，或者抗生素软膏外用，避免伤口感染。伤口部位一定要避免接触生水，避免摩擦及过度活动。伤口结痂或拆线后可以使用抑制瘢痕的修复软膏。

（梁成琳）

二、眼睛周围长"颗粒"，是我的眼霜太有营养了吗？

眼睛是心灵之窗，双眼让我们认知多彩的世界。人们在面对面沟通的时候，目光大都注视着对方的双眼。因此，拥有明亮的双眸与健康光洁的眼周皮肤更容易在别人心目中留下好印象。因此，在日常护肤中，眼周皮肤往往是我们护理的重点。那我们就从皮肤科的角度来了解一下眼周皮肤有什么特别之处吧！

眼周皮肤是全身皮肤最薄的部位，仅有0.5毫米厚，由表皮和真皮构成。真皮内含丰富的神经、血管、淋巴管及弹力纤维。这是眼周皮肤充满弹性，能较大幅度拉伸的原因。虽然眼周皮肤最薄，但是人体活动量最大的部分之一，每天需要眨眼一万次。人们的各种表情也由肌肉牵动眼周皮肤运动。而眼周皮肤几乎不含皮脂腺和汗腺，因此容易出现干燥、缺水、皮肤敏感的情况，更容易遭受外界物质的侵害。眼周皮肤仅有较少的胶原蛋白和弹性蛋白，缺少肌肉的支撑，频繁地眨眼和做各种表情容易导致眼部疲劳、细纹出现。眼周皮肤虽然缺少皮脂腺、汗腺，但在真皮层中却有丰富的毛细血管网，负责为眼周皮肤提供各种营养成分。年龄增长、阳光侵害、皮肤敏感、情绪睡眠等都可引起炎症反应，使眼周毛细血管变得脆弱，血液循环不畅通，这也是黑眼圈形成的原因之一。

既然眼周皮肤结构特殊又容易受到各种侵害，那我们平时护理，特别是使用各种眼霜，到底能不能对其起到修复作用呢？

眼霜的成分除了含透明质酸、角鲨烷、甘油等常见护肤品成分外，还根据眼霜所要具备的功能，添加了神经酰胺、烟酰胺、虾青素、各类维生素等各种功效性成分。总结起来，各类眼霜所要具备的功能包括滋润皮肤、阻隔紫外线及有害物质、紧致眼周细纹、淡化黑眼圈、延缓皮肤衰老。使用方法：在早晚清洁皮肤后，取适量眼霜，均匀轻拍在眼周皮肤上，上至眉弓，覆盖下眼窝至太阳穴部位。

（王超群）

三、眼睛周围的"颗粒"是些什么？

前面我们说了眼睛周围长"颗粒"和眼霜关系不大，下面我们就来看看这些"脂肪粒"到底是什么。

1. 粟丘疹

粟丘疹，又叫白色痤疮或粟丘疹白色苔藓，是起源于表皮或附属器上皮的一种良性肿物或潴留性囊肿。任何年龄、性别均可发病。原发型粟丘疹可从新生儿时开始发生，由未发育的皮脂腺形成，皮疹可自然消失。继发型粟丘疹常在炎症后出现，可能与汗管受损有关，可在阳光照射、二度烧伤后，以及一些大疱性疾病情况下发生，也可发生于皮肤磨削、化学换肤、激素外用、外伤之后。粟丘疹的临床表现为1~2毫米粟粒大小的小丘疹，呈乳白色或黄色，针头至米粒大的坚实丘疹，顶端圆形，上面有一层极薄的表皮，外观看来像黄白色脂肪颗粒。粟丘疹多见于面部，尤其是眼睑周围、面颊、耳郭及额头。婴儿通常仅限于眼睑周围。继发型粟丘疹多分布于原有皮损周围，可持续数年，脱落后无瘢痕形成。将粟丘疹置于显微镜下观察可发现其本质是表皮样囊肿，囊腔由排列成同心圆的皮脂腺样物质所填充。粟丘疹为良性病变，无自觉症状，通常不需要特殊治疗，部分能自愈。如果粟丘疹数目较多、较长时间不消退影响生活时，则需要治疗。治疗也很简单，局部消毒后，用针等挑破丘疹表面皮肤，挤压后再挑出乳白色或黄色角质物即可，治疗后皮肤不留瘢痕。部分情况下，粟丘疹残存囊壁可继续分泌皮脂腺样物质，经过一段时间蓄积，使粟丘疹复发。激光治疗可减少粟丘疹复发。粟丘疹也是临床上最常被称为脂肪粒的皮肤病。

2. 汗管瘤

汗管瘤是一种附属器良性肿瘤，好发于女性，青春期加重。皮疹可单发也可多发，通常数毫米，正常肤色或淡褐色，稍高出皮面。汗管瘤分3型，以眼睑型最常见。眼睑型多见于女性，青春期后出现，多位于下眼睑，有些可表现为粟丘疹样。其他还可见于胸、腹、四肢及阴部。汗管瘤的肿瘤团块位于真皮层，其特征性表现为一端导管状，另一端实性条索状，形成蝌蚪状或网球拍状结构，管腔内可出现层状角质物。汗管瘤发生于眼周时为良性过程，无自觉症状，可不进行治疗。如患者有美容需求，可局部切除或激光治疗。

3. 扁平疣

扁平疣是HPV感染所致皮肤病，主要发生于青少年，大多突然出现。临床表现为米粒至黄豆大小、扁平、稍隆起的丘疹，表面光滑，浅褐色或正常肤色，圆形或多角形。扁平疣数目常较多且密集，好发于面部、手背、前臂等处，上下眼睑均可分布，也可随着患者搔抓而沿着抓痕分布或者传播到皮肤其他部位。扁平疣病程慢，有时突然消失，也可持续多年不愈。扁平疣有复发和播散倾向。

4. 毛发上皮瘤

毛发上皮瘤是起源于皮肤附属器的良性肿瘤，多发生于青年女性，皮疹为坚硬丘疹，不超过米粒大小，突出皮面，常常为正常肤色。皮疹呈对称分布，好发于双眼内侧鼻根部及鼻两侧及鼻唇沟，也可发生于眼睑、眉间。可单发，但常为多发，一般无自觉不适感。肿瘤团块位于真皮层，肿瘤细胞不同程度地向毛发结构发育。毛发上皮瘤绝大多数为良性过程，罕见病例可伴发基底细胞癌。

专家总结

现在我们知道，眼周常见的"脂肪粒"的疾病，无论是常见的粟丘疹、汗管瘤、扁平疣，还是相对少见的毛发上皮瘤，它们的发生与环境、外伤、基因、感染相关，或与代谢相关，部分为良性肿瘤。眼周部位发生的所谓"脂肪粒"是这些疾病的临床表现之一，与我们滋润、修复皮肤的眼霜没有关系，仅仅是在皮肤部位上的重合。所以当眼周出现各种各样"脂肪粒"时，我们不应怀疑眼霜太营养而更换清爽的眼霜，而应该于皮肤科就诊，明确诊断，找到适合的治疗方式，才能恢复健康光洁的眼周皮肤。

（王超群）

四、眼周长的很多小疙瘩，到底是汗管瘤还是粟丘疹？

眼睛是心灵的窗户，透过眼睛可以让大家了解你的内心世界，它也是表达美的重要器官，古诗词中描述眼睛的词语如眉清目秀、美目盼兮、盈盈秋水、明眸皓齿、回眸一笑等都证明拥有一双让人过目难忘的美眼是多么令人羡慕的。

但是，眼睛周围无缘无故地长了一些小颗粒，偶尔还有一些瘙痒，慢慢地颗粒越来越多、越来越大，使这扇美丽的窗户蒙上了阴影，凹凸不平的颗粒根本无法用遮瑕膏遮盖，真的让人非常沮丧，影响我们的颜值。下面介绍眼周最常见的两种丘疹，汗管瘤和粟丘疹。

1. 汗管瘤

汗管瘤虽然带个瘤字，但其实并不可怕，它是一种汗腺瘤，病变属于良性，不会恶变（图2-5-1）。

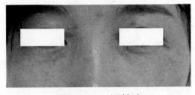

图2-5-1 汗管瘤

1）汗管瘤不处理可以吗?

可以的。汗管瘤是一种皮肤良性肿瘤，不会对健康造成影响，一般不需要处理。如果感觉汗管瘤逐渐增多导致不适或严重影响美观，可前往医院就诊。

2）汗管瘤如果想祛除，有什么办法?

超脉冲CO_2激光是治疗汗管瘤的最佳选择，激光的高选择性使其对能正确地选择皮损。外敷麻醉药后治疗几乎无疼痛感或者有轻微疼痛，术后轻微红肿，局部创面恢复时间短，7～10天脱痂以后就可以正常洗脸护肤了。由于汗管瘤的轻重不同，所以治疗次数也有差异，轻者1～3次可治愈，重者需要的治疗次数会多一些，但最终都能治愈。

3）汗管瘤激光治疗后可能出现的不良反应有哪些?

①疼痛：由于汗管瘤最常见的是眼睑型，眼周比较敏感，激光治疗后部分患者可有轻微疼痛，2～3天逐渐消退。

②水肿：激光治疗后有时会在治疗部位发生轻度水肿，一般1周可消退。

③感染：物理治疗有引发感染的可能，一旦发现，应及时诊治。

④色素沉着：发生率较高，一般在术后3～6月自行消退，也可以遵医嘱口服维生素C、氨甲环酸，外用左旋维生素C、熊果苷等来淡化。

⑤瘢痕增生：激光治疗属于有创治疗，由于汗管瘤累及真皮层，因此有形成瘢痕的可能。

2. 粟丘疹

粟丘疹这个名字，大家不熟悉，但提到"脂肪粒"，大家会恍然大悟，但它与"脂肪"无关，它实际是一种良性肿物或潴留性囊肿，好发于颜面部，尤其是眼周。任何年龄、性别均可发生，但多见于婴幼儿和女性。

粟丘疹的病因还没有完全明确，可能与皮肤炎症刺激、创伤、继发性皮肤病导致皮肤屏障受损有关。泛发性粟丘疹一般与遗传因素有关。

一般无明显症状，既不瘙痒也不会感觉疼痛（图2-5-2）。

1）粟丘疹可以治愈吗，会不会复发，有没有传染性，不处理会怎样？

粟丘疹可以通过治疗达到治愈，但有可能复发。它不是传染病，不会传染。不处理可

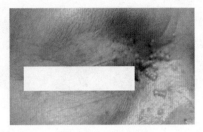

图2-5-2　粟丘疹

能会导致数量增多，影响美观和生活质量。

2）怎么处理粟丘疹？

患者可以到正规医院皮肤科就诊，医生对皮损区域消毒后可以通过注射针、手术刀等工具刺破其上方的表皮，然后挤出里面的乳白色或黄色、质地较坚硬的内容物。比较大且深的粟丘疹也可以用激光祛除，一般不留瘢痕。

3）粟丘疹治疗后要注意什么？

治疗后注意消毒，24～48小时不要沾水、弄湿伤口，以防感染。

（雷华）

五、汗管瘤是肿瘤吗？

前面说了，汗管瘤虽然有瘤字，但不用特别紧张，它是一种皮肤附属器肿瘤，实质上为向小汗腺导管末端分化的一种错构瘤，属于良性肿瘤，一般不会发生恶变（图2-5-3）。

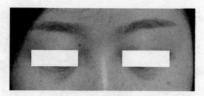

图2-5-3　眼周汗管瘤

1. 汗管瘤的病因是什么？诱因有哪些？

汗管瘤的确切病因目前不清楚。其诱发因素如下。

①遗传因素：多数患者有家族史，亲属中常有汗管瘤患者。

②内分泌因素：妊娠期、月经前期及使用雌激素的患者常常自觉皮疹有所增大，甲状腺功能亢进者可见成批的皮疹。

③精神异常：精神异常者汗管瘤的发病率高于正常人。

④药物：如抗癫痫药物可引起躯干、四肢泛发性皮疹。

2. 汗管瘤的临床表现有什么特点？

①好发人群：女性，中青年多见。

②皮疹特点：最多见于眼睑，对称分布，皮疹呈淡褐色或正常肤色，直径为1～2毫米的扁平丘疹，散在或密集分布，不融合。

③临床分型：a.眼睑型，汗管瘤最常见的类型，对称分布于眼睑，尤其是下眼睑。b.发疹型，常见于男性青少年，皮疹成批发生于躯干前面及上臂屈侧。c.局限型，发生于外阴及阴蒂者称为生殖器汗管瘤，可伴有瘙痒症状；发生于手指背面者称为肢端汗管瘤。

3. 汗管瘤如何治疗?

目前,汗血瘤主要采用激光、电离子和液氮冷冻治疗。

①超脉冲CO_2激光:波长为10 600纳米的一种红外线激光,一个脉冲能完全汽化约20微米厚的皮肤组织。从表皮向汗管瘤依次汽化。3个月治疗1次,需要1~2次。优势:可一次祛除大量皮损,治疗的深度比较容易把握。不足:术后会出现水肿、渗出、结痂,红斑期较长且治疗周期较长。

②铒激光:波长为2 940纳米的一种红外线激光,在组织中穿透深度为1~3微米。3个月治疗1次,需要2~3次。与超脉冲CO_2激光相比,汽化的深度较浅,对周围组织的热损伤小一些。但治疗次数较多,且周期较长。

③电离子:利用金属触头与组织之间的极小间隙形成极高的电场强度,使气体分子电离,产生等离子火焰,将组织汽化、炭化。因对周围组织损伤较大,瘢痕、色素沉着等并发症较超脉冲CO_2激光高,目前已经较少使用。

④液氮冷冻:因治疗精准度较差,术后瘢痕、色素沉着及色素减退发生率较高,目前已基本不用于面部相关治疗。

4. 汗管瘤治疗后如何护理?

①术后即刻冰袋冷敷20~30分钟,不用包扎。

②激光术后皮肤有破损,治疗区域不要沾水,保持干燥、清洁,外用抗生素软膏预防感染,外用表皮生长因子促进创面愈

合，饮食上尽可能清淡，避免进食海鲜、辛辣及其他刺激性食物，最好避免饮酒。

③激光治疗后会在局部造成创面，创面结痂需要一定时间，大概7～10天会自然脱落。切记不要故意祛除这些痂皮，要让痂皮自然脱落，避免二次创伤，进而导致瘢痕的出现。

④激光治疗术后皮肤可能出现色素沉着，日光容易加重色素沉着。外出一定要注意严格防晒，避免留下炎症后的色素沉着斑。建议在脱痂以后涂抹防晒霜，戴遮阳镜、遮阳帽，避免在太阳下直接暴晒。

（张芬）

六、"酒渣鼻"是喝酒引起的吗？

"酒渣鼻"也被称作"酒糟鼻"，大家应该经常听人说起。听起来似乎是喝酒太多引起的，是不是这样呢？其实，"酒渣鼻"的学名应该是"肥大增生型玫瑰痤疮及毛细血管扩张型玫瑰痤疮"，是玫瑰痤疮的特殊类型。

对于轻症患者，治疗往往是祛除诱因、合理护肤。导致"酒渣鼻"加重的因素有很多，比如吃辛辣及其他刺激性食物、热刺激、剧烈运动、紫外线、药物及饮酒等，我们要尽可能地避免各种理化刺激，少吃辛辣及其他刺激性食物、防晒和不饮酒，局部使用温和的清洁、保湿产品及耐受性更好的物理防晒剂，此外应避免过度清洁皮肤，以免导致面部皮肤屏障功能受损，可使用功效性皮肤屏障修复乳加强屏障修复。

毛细血管扩张的治疗主要是针对血红蛋白吸收的光电治疗，这也是目前毛细血管扩张的主要治疗办法，如脉冲染料激光、强脉冲光以及长脉宽775纳米绿宝石激光等。对于肥大增生的鼻赘组织，可以采用手术切除、高频电刀烧灼及三锋刀等手段祛除。

"酒渣鼻"的治疗时间及过程都比较长，症状控制后可能还需要再维持治疗半年左右的时间。一般维持治疗包括屏障修复、保湿、防晒及避免各种理化刺激等。

（应川蓬）

第六章
HPV感染的是与非

一、那些年，皮肤感染的HPV都是什么样的？

　　HPV即人乳头瘤病毒（human papilloma virus），是一种古老的病毒。有证据表明，早在1 000年前就有人感染HPV。目前HPV已鉴定出超过200种亚型，主要感染皮肤和黏膜，临床表现为多种类型的皮肤病。其中的40多种亚型可通过性行为传播并感染肛门生殖器区，主要引起外阴皮肤和生殖道的湿疣病变和宫颈上皮内瘤变。早在20世纪70年代就有医生提出HPV感染与宫颈癌发病相关，此后许多流行病学和分子学研究也证实了这个观点。根据致癌风险，HPV可分为低危型和高危型。其中的16、18、31、33、35、39、45、51、52、56、58、59、68、73、82型为高危型，可导致宫颈上皮内瘤变Ⅱ、Ⅲ型及宫颈癌的发生。在高危型中，又以16、18型感染最为普遍。随着女性宫颈癌病因研究的一步步深入，特别是宫颈癌疫苗（即HPV疫苗）的问世，HPV感染得到越来越多人的重视。

　　其实很多人的一生中，都有被HPV感染的经历。人类是HPV

的原始宿主和储存宿主。所有的HPV均具有嗜鳞状上皮性，但不同基因型的病毒易感染不同部位的皮肤。HPV感染开始于微小创伤。当皮肤或黏膜的微小创伤接触其他含有HPV的传染源时，HPV即可进入并感染皮肤基底细胞。基底细胞位于人皮肤表皮的最底层。在基底层时，HPV复制量保持较低水平。基底细胞向皮肤表面迁移，逐渐鳞状上皮化后，HPV复制量高表达，并能从皮肤表面释放出来。临床上大部分人感染HPV后是以亚临床或潜伏感染状态出现的。亚临床感染是指虽然该处皮肤黏膜感染了HPV，但凭肉眼观察这部分皮肤黏膜是正常的，患者通常未察觉HPV感染存在，但通过详细的临床和实验室检查，可找到HPV感染的证据。潜伏感染是指虽然该处感染了HPV，但以上辅助检查均为阴性。事实上，亚临床感染或潜伏感染可能是HPV感染最常见的形式，也是病情反复的原因之一。部分患者会进展成有临床症状的HPV相关疾病，如尖锐湿疣、寻常疣、扁平疣等。

有资料显示，在通过性行为接触HPV后，大多数人将在1年内检测出HPV。大多数免疫功能正常的人，生殖器感染仅为暂时性，持续1~2年，并不引起后遗症，少数人即使免疫功能正常，感染也可持续，而少部分HPV持续感染者可进展为癌。宫颈和肛门直肠的皮肤黏膜是发展成癌的高风险部位。在某些情况下，亚临床感染或潜伏感染可能再次被影响，发展成有临床症状的皮疹。常见的影响因素包括机械刺激、外伤、免疫抑制状态、炎症因子等。传统的分类是根据疣的临床表现及部位，将疣分为寻常疣、跖疣、扁平疣、尖锐湿疣、鲍恩样丘疹病及疣状表皮发育不良。

HPV相关疣的治疗包括全身治疗和局部治疗。均以破坏疣体、调节局部皮肤生长、全身免疫等为主。

HPV疫苗：临床现有的二价/四价/九价HPV疫苗分别针对HPV16、18型/HPV6、11、16、18型/HPV6、11、16、18、31、33、45、52、58型感染。

由于HPV相关疣是一种感染性疾病，因此无论哪种治疗方式，HPV感染在治疗后都可能出现复发或再感染可能，需要密切临床观察随访。目前尚无特效外用药对HPV有杀灭作用，所以单纯的外用药物治疗HPV相关疣的疗效不稳定。因此皮肤HPV感染需要医生根据皮疹综合分析，多种治疗方案前后或同时使用，并定期观察是否有复发或再感染。患者也需要积极提高自身免疫功能，注意局部皮肤清洁，注意危险性行为，定期随访复查，将HPV对人体的危害降到最低。

（王超群）

二、儿童及成年人身上中间凹陷的"痘痘"是什么？

在我们的皮肤上，看见一些和皮肤差不多颜色的丘疹，时间久了，会有红色炎症性表现，可以长大到绿豆大小的半圆形丘疹，表面有蜡样光泽，中间有个脐窝，如果我们用钳子夹的话，会夹出一个白色的软疣小体，这样的症状临床诊断为：传染性软疣（图2-6-1）。

传染性软疣是一种由传染性软疣病毒（MCV）引起的疾病，这种病毒性的皮肤病在临床上还是比较常见的，主要是在儿童中比较多见，特别是在幼儿园里比较

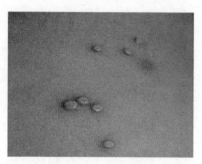

图2-6-1 传染性软疣

常见，小朋友们在幼儿园玩耍、相互抓扯，或者在公共游泳池游玩等而感染软疣，软疣可以发生在身体的各个部位，那成年人为什么会得传染性软疣呢？除了可在公共游泳池游玩时感染外，还有两个原因，一是在外面住酒店，用了不干净的毛巾搓澡，导致皮肤表面受伤而感染软疣，所以搓澡巾在传染性软疣的传播中起到很大的作用，其二就是有不洁的性行为，皮肤有破损导致病毒进入皮肤发病，如果成年人面部有软疣的话，可能就需要去筛查MCV了。最后一种人群，是免疫功能低下的人，机体免疫功能低下，病毒就容易进入皮肤导致软疣传播。

皮损可发生于皮肤的任何部位，好发于手背、四肢、躯干及面部，成年人有发生于外阴和肛周的情况，典型皮损为直径3~5毫米大小的半球形的丘疹，颜色是灰白色或者正常肤色，中间有脐窝，里面有白色的软疣小体。

本病临床表现很明显，所以容易确诊。

治疗的方法：

①物理治疗，可采用局部刮除、人工挤压、液氮冷冻等物理方法治疗，也可在无菌的条件下，采用血管钳将疣体夹破，挤出里面的疣体，使用外用碘伏消毒、杀菌以防局部细菌感染。

②外用药物，儿童及家长容易接受，但起效慢，疗效不佳，如果合并细菌感染，要先外用抗生素软膏治疗。

③避免搔抓，以防扩散，不共用公共浴巾等以防感染。

（袁涛）

三、老百姓口中的"瘊子"是什么？

"瘊子"是老百姓的一种通俗的叫法，在医学上是指病毒疣，是由于HPV感染皮肤或者黏膜而引起的一种表皮良性增生物。

1. "瘊子"有哪些类型？

①寻常疣：典型皮损为黄豆大小或者更大的灰褐色、棕色或正常肤色丘疹，表面粗糙，质地坚硬，可呈乳头瘤状增生（图2-6-2）。

②扁平疣：典型皮损为

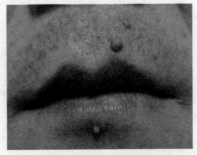

图2-6-2 寻常疣

米粒至黄豆大小的浅褐色、
正常肤色扁平隆起样丘疹，
圆形或者椭圆形，表面光
滑，质硬。

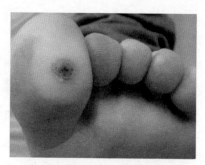

图2-6-3　跖疣

③跖疣：发生在足底的
寻常疣。典型皮损为淡黄或
褐黄色胼胝样斑块或扁平丘
疹，表面粗糙，界限清楚。祛除表面的角质层后可见毛细血管破
裂出血形成的小黑点（图2-6-3）。

2. "瘊子"有"公的"或者"母的"之分吗？

经常有患者就诊时说"瘊子"有公的和母的，"母瘊子"会
长出很多小的"瘊子"。如果找到"母瘊子"并祛除，其他"瘊
子"就会自己消退。事实上"瘊子"是没有公母之分的。

3. 那"瘊子"为什么会越长越多呢？

"瘊子"中含有大量活跃的HPV，患者在有意或者无意抠抓
"瘊子"后，再抠抓身体其他部位，就会将HPV带到皮肤其他部位，
这就会导致"瘊子"越长越多。这也是"瘊子"的自身传染方式。

4. "瘊子"会传染家人吗？

"瘊子"除了自身传染，当然也可能会传染给家人，但传染是
有条件的。患者在抠抓自身的"瘊子"后又接触家人的皮肤，而家

人被接触的部位皮肤屏障功能破坏且抵抗力差的就容易感染。

5. "瘊子"要怎么祛除?

祛除"瘊子"的方式多种多样,主要分为外用药物治疗、口服药物治疗、物理治疗等。外用药物比如外涂维A酸软膏、阿达帕林、3%酞丁胺霜或者5–氟尿嘧啶软膏。局部注射平阳霉素或者聚肌胞等。目前没有特效的抗HPV的口服药物,口服药物主要以免疫调节为主,如干扰素、胸腺素、灵芝孢子粉等。目前常用的祛除"瘊子"的物理方法包括CO_2激光、冷冻、浅层X线照射等。物理治疗可以快速清除肉眼可见的皮损。CO_2激光可用于全身各种"瘊子",是所有物理治疗中最迅速地祛除皮损的方法,缺点是创伤面积较大,创面愈合时间较长。冷冻是物理治疗中最便宜的方法,缺点是患者需要多次治疗,复发率相对较高且角质层较厚的跖疣很难通过冷冻祛除。浅层X线照射对难治型跖疣、甲周疣有较好的疗效,一般4次为1个疗程,每周照射治疗1次,术后患者一般没有创伤,无误工期,缺点是价格相对昂贵。患者可以根据自身皮损特点及自身需求选择合适的方式。

6. "瘊子"祛除后会复发吗?

"瘊子"祛除干净后一般是不容易复发的。但是由于HPV广泛存在于自然界中,存在于我们的生存环境中,到处都会接触到HPV,随时有再次感染的风险。再者从感染HPV到出现临床皮损有一定的潜伏期，一般为6个月到2年。我们虽然祛除了临床可见皮损，但对潜在感染灶的重视不够，也是"瘊子"反复出现的原因之一。

7. 如何避免感染HPV呢？

首先，我们应该保持良好的生活习惯，洁身自好，保持卫生。这是最基本也是最重要的避免HPV感染的措施。

其次，定期检查。HPV长期感染女性宫颈黏膜，可导致宫颈病变。女性需要定期到妇科门诊进行宫颈HPV筛查，及时发现、及时治疗是避免HPV感染出现严重并发症的最常用的手段。

再其次，可以注射HPV疫苗。目前有三种HPV疫苗，适用于女性不同年龄人群。患者可以根据自身情况选择不同的HPV疫苗。最后画个重点："瘊子"是HPV感染的一种皮肤传染病。感染HPV后也不必惊慌失措，更不必讳疾忌医。我们可以通过各种药物与非药物方式治疗。及时就医、及早治疗，祛除感染灶，阻断传染源。我们也可以通过注射HPV疫苗主动而有效预防HPV感染。

（袁涛）

四、"鸡眼"和"跖疣"有什么不同？

在门诊，经常有患者说脚上长了"鸡眼"，但不管是刮还是贴"鸡眼膏"都没有效果。实际上，患者脚上的往往并不是"鸡眼"而是"跖疣"。

鸡眼和跖疣都容易发生在脚上，而且都容易产生疼痛，所以两个病在临床上被混淆的情况非常常见，那我们来看看它们都有什么不同。

1. 发病原因不同

鸡眼是皮肤长期受到挤压摩擦刺激导致角质增生所致，鸡眼的数量往往是1个，跖疣属于病毒感染，是由HPV感染引起。发生的位置没有特殊性，只要是被感染的地方都可以出现跖疣，而且随着时间的延长，跖疣能够自身传染。

2. 那该怎么鉴别它们呢？

从临床表现上来看，鸡眼和跖疣虽然都是黄色，但鸡眼表面较光滑，好发于脚趾边缘易受挤压摩擦处，边界清楚，形状为圆形或者椭圆形，由于圆锥样的角质增生物压入真皮乳头层，走路时刺激周围的神经末梢，所以行走时会出现疼痛，压迫时也会有痛感。跖疣是由病毒感染引起的，被感染的部位均可发病，形态为胼胝样斑块或扁平丘疹（图2-6-4），触感粗糙不光滑，可以看到有小黑点出现，是坏死毛细血管形成的黑点，压痛不明显，但较大

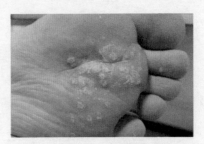

图2-6-4　跖疣

的跖疣患者在走路时也会出现疼痛。

3. 鸡眼和跖疣的传染性不同

鸡眼是长期摩擦刺激引起的，无传染性；跖疣是HPV引起的，具有一定的传染性，但也有一定的自愈性，所以不管在家还是在户外都不要轻易穿其他人的鞋子。

4. 鸡眼和跖疣的治疗不同

1）鸡眼治疗

鸡眼治疗首先要祛除发病原因，要减少摩擦压迫刺激，穿大小、软硬合适的鞋子，避免穿高跟鞋。

外用药物治疗目的是软化皮肤、消除增厚的角质。常用鸡眼贴（成分为水杨酸、乳酸和凡士林），先用热水泡脚后刮去软化角质，然后贴好鸡眼贴，一般3~5天换药1次，换药前需要清除残留药物，重复治疗直至脱落（图2-6-5）。

也可使用10%~15%水杨酸软膏或40%尿素霜外敷，用热水泡脚后刮去软化的角质，外用药物后可以用保鲜膜覆盖，胶布固定，7~10天换药1次，每次换药前也还需清除残留药物，重复治疗直至鸡眼脱落。

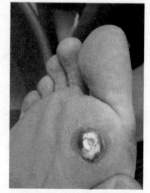

图2-6-5　鸡眼贴治疗

此外还可以通过液氮冷冻、激光手术修整鸡眼部分皮肤，消除增厚的角质。常规治疗方法无效的患者可考虑。

2）跖疣治疗

虽然部分跖疣可自行消退，但大多不会如此，所以一旦发现跖疣均应及时治疗。通过各种治疗手段达到祛除疣体并增加局部和全身免疫功能防复发的目的。目前主要采用药物治疗和物理治疗，口服药物用于皮疹数目较多或久治不愈者。

（1）药物治疗

①全身治疗：口服或肌内注射免疫调节剂，如干扰素或胸腺素等；外用5%咪喹莫特乳膏，具有局部免疫调节作用。

②局部外用：根据医生建议给予局部涂抹或粘贴具有剥脱腐蚀作用的溶液或者软膏，如10%水杨酸、0.5%鬼臼毒素、0.5%5-氟尿嘧啶、维A酸、干扰素等药物。

（2）物理治疗

液氮冷冻、CO_2激光及浅层X线治疗。对于较小的跖疣可以考虑液氮冷冻方法，可以祛除疣体；对于较大较厚的疣体根据情况可给予CO_2激光治疗，但治疗时和治疗后有明显疼痛，创口较大，出血多，术后需减少行走甚至卧床休息，影响日常生活和工作；如患者不能耐受或疣体过大过厚的，可考虑浅层X线治疗，该方法的优点是无创、无痛。但不管用哪种方法治疗均有复发可能，需要数次治疗。

（3）手术治疗

切除疣体，尤其对于较大的、医生考虑有恶变情况的疣体，一般建议进行手术治疗并完善病理检查。

5. 鸡眼和跖疣患者在日常生活中注意事项不同

鸡眼患者日常生活中应尽量减少足部的摩擦和压迫，减少运动量，保护受损部位，要选择一双宽松、舒适且透气的鞋子，保持局部清洁干燥。

跖疣患者在生活中应注意个人卫生，家人之间不共用拖鞋，在游泳池等湿热的公共场所应自带拖鞋，减少感染的机会。日常穿鞋应注意舒适透气，保持足部通风干燥。避免搔抓，防止病毒自身接种而至皮疹扩散。接触过的鞋袜等衣物需单独清洗，应及时、多次、反复进行高温消毒，也可采用清洗后阳光下晾晒3天以上的简便方法。日常饮食忌辛辣及其他刺激性食物，忌烟酒，多锻炼，提高免疫功能。

（陈明辉）

五、阴囊或外阴出现的紫色"点点"是什么？

人们突然发现在阴囊或者外阴有一些紫色的点点，有的米粒大小，有的黄豆大小，抓破后有时出血不止，让很多人很担心有生命危险，引发焦虑。

现在给大家谈谈这个
病，像有以上症状的我们将
其诊断为血管角皮瘤，又称
血管角化瘤，是以真皮层毛
细血管扩张和表皮角化过度
为特征的皮肤良性肿瘤，发
生在阴囊部位的即为阴囊型

图2-6-6　阴囊上米粒大小紫色小点

血管角皮瘤（图2-6-6）。阴囊型血管角皮瘤常发生在中老年人
的阴囊或阴唇、外阴。发病原因尚不明确，可能与基因突变、血
管畸形、生活习惯、环境因素等原因有关。

1. 阴囊型血管角皮瘤有哪些临床症状？

损害初期为针尖大小的丘疹，常随着年龄的增长而增多，
主要表现为丘疹或者结节，丘疹为针尖至绿豆大小，早期质软，
或有轻度疣状改变，散在分布或沿浅表静脉、阴囊皮纹排列成线
状，表面粗糙角化，呈紫或暗紫色，压之部分褪色。结节为2～8
毫米，表面粗糙或呈疣状损害，中央常见扩张的毛细血管或血
痂，发生摩擦时容易出血而导致破溃感染，一般无自觉症状，无
明显不适，偶尔有轻度的痒感。

2. 该怎么治疗阴囊型血管角皮瘤？

治疗阴囊型血管角皮瘤的方法很多，如冷冻治疗、电解治

疗、美容激光治疗、外科治疗。如果皮损小，一般不需要治疗；如果皮损长大、增加或者有出血，则需要治疗，优先选用CO_2激光治疗，先用利多卡因乳膏表面麻醉40分钟再进行病变组织的烧灼或切除，该方法具有出血少、操作简单的优点。

（袁涛）

六、嘴唇、耳轮和外阴出现一连串白色的疹子是什么？

一些患者嘴唇边缘或者阴唇出现一连串白色的疹子，不痛不痒。现在一起来分享这个疾病。

这个病叫作皮脂腺异位症，又称Fordyce病，是皮脂腺变异和增生导致的一种疾病，跟自身的皮脂腺过度分泌有关，一般出现的都是一些小米粒样的增生（图2-6-7），多在青春期好发，成年后有可能自然消退。吸烟的人更明显，儿童罕见。本病不仅仅发生于唇部、口腔黏膜，而且还见于男性的包皮和龟头、女性的大小阴唇等部位。外阴部位有时候会被误诊为性病。

其临床特征是无明显隆起皮肤的粟粒大小扁平的丘疹，群集分布，多呈淡黄色，少数呈淡白色，直径为1~3毫米，一般不会恶变，部分融合成密集不规则的斑

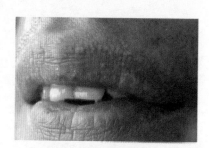

图2-6-7　皮脂腺异位症

片，当皮肤绷紧时更能清楚地被看见，触之有细小泥沙样感，自身没有不良感觉。

临床上用CO_2激光治疗比较多，利多卡因乳膏局部表面麻醉，常规消毒后，先用一次性的空针或者粉刺针把米粒状的皮疹挑出，然后选用合适功率的CO_2激光灼烧。

专家总结

　　皮脂腺异位症的复发率较高，需要定期随访和多次治疗，治疗时间为3~6月1次，术后半年左右，局部不要用太热的水冲洗（温水就好）。

（袁涛）

第七章

面部美容手术

一、"藏獒眼"眼皮上的黄色素斑块是什么？

睑黄瘤，是眼睑黄色瘤的简称，是发生在眼睑周围的黄瘤病的一种。这是由于营养过剩，眼睑局部皮肤脂肪代谢障碍，局部形成黄色斑块，大多为对称性，有时

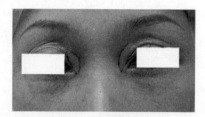

图2-7-1 "藏獒眼"

被戏称为"藏獒眼"（图2-7-1）。从外观来看，给人以不健康的感觉。此病发展较缓慢，可呈静止状态，但不会自行吸收。

治疗主要包括改善全身和局部脂肪代谢、物理治疗以及手术治疗。

1. 改善全身和局部脂肪代谢

首先是饮食疗法，采用低脂、低胆固醇、低糖饮食，即少食脂肪，忌动物内脏、蛋黄等，多吃蔬菜、水果，食用油多选择植

物油。如果体重超标，需要减轻体重。山楂、玉米须熬水喝也有一定疗效，可坚持服用。经过饮食治疗，睑黄瘤常可在1年内消退。

经饮食疗法如未消退，传统上可服用氯贝丁酯和烟酸（每天3克，进餐时服）降低血脂和改善脂肪代谢。新近研究表明口服银杏叶片疗效显著。

改善局部脂肪代谢和促进脂质吸收有一定效果，但疗效不确切。

肝素局部注射效果相对确切，但由于个体对药物敏感性不同，并不是每个人都有效。注射量不超过0.5毫升，每周注射1次，一般4~6次为1个疗程。凝血功能障碍者忌用。

2. 物理治疗

冷冻、超脉冲CO_2激光、铒激光等物理治疗仅适合较小的睑黄瘤，较大者由于术后瘢痕明显，遗留明显缺陷。

3. 手术治疗

手术治疗为睑黄瘤的首选治疗，分为睑黄瘤单纯切除术和睑黄瘤切除联合上睑松弛成形术两种。

较小的睑黄瘤可采用单纯切除术，临床效果较为肯定，但我们在大量临床实践中发现其仍然停留在治病的水平，不能满足部分对美容要求较高患者的需求，主要是切口通常并不能隐藏于重睑线，术后瘢痕明显。为了满足对美容更高要求的患者，睑黄瘤切除联合上睑松弛成形术应运而生，既切除病灶又兼顾上睑皮肤松弛的美容问题。

（罗东升）

二、怎么做"双眼皮"才好看？

双眼皮是每个女性想拥有的，而做双眼皮手术可以让女性拥有漂亮迷人的眼睛，也可以让女性的气质有所上升，也会对女性的感情生活有所帮助，因此有很多女性会选择做双眼皮。

1. 一个好看的双眼皮有哪些基本要求

第一，要对称。一般双眼皮宽度差异在0.5毫米以上者，术后就会出现肉眼可观的不对称，但早期出现不对称在1毫米以内者，恢复1年左右也会基本对称，所以在术后半年内不要太拘泥于双眼皮的细节。

第二，弧度要流畅。但要是与自己的习惯动作、眼睛肌肉不符合，就会出现比较生硬的弧度；与眼型、脸型不匹配，就会出现不流畅的弧度，双眼皮就不自然、不好看。

第三，宽窄要合适。比较自然的双眼皮做完之后过一段时间基本就和天生一样了。

第四，要符合个人气质。双眼皮对于容貌来说是比较重要的，因此一定要符合个人的气质，为其锦上添花。

2. 双眼皮的设计要点是啥?

双眼皮设计的要点需根据面部的五官轮廓来决定。选择适合自己的双眼皮的宽度来达到让眼睛变大、变得更有神的效果。

重睑的类型:

①平行形,内、中、外宽度相同。

②开扇形,从内眦到外眦上方逐渐加宽。

③新月形,中间宽两端低。

埋线双眼皮和全切双眼皮都能够让眼睛变大,同时还能够提升整个面部的颜值,让眼睛看起来更加精神。

3. 重睑术后过宽、过窄该怎么办?

如果是重睑过宽,可以用手指牵拉重睑线上方位置的皮肤,让这个位置的皮肤产生松弛的现象,这样可以遮盖过宽的双眼皮,也可以通过手术进行矫正,需要祛除部分皮肤和瘢痕,降低重睑宽度,同时注意眶隔脂肪瓣缝合应在降低的新的重睑线处。

如果是双眼皮过窄,则可以通过切开法将原来的重睑线切开,再将重睑线下的皮肤进行分离,提高缝合的位置,在睑板上缘或之下1毫米的位置进行缝合即可。

双侧不对称的双眼皮修复时可参考一侧,再对另一侧进行手术。

综上所述,由于割双眼皮属于手术的范畴,建议求美者要到正规的医院做手术,这样才能有效降低手术的风险性。

4. 双眼皮手术有哪些风险?

任何手术都有风险,双眼皮手术也不例外,可能出现:术后两侧重睑不对称;术后出现瘢痕;术后出现上睑下垂,与术中操作不规范导致上睑提肌功能障碍有关;术中、术后出血;术后出现感觉异常;术后重睑皮肤很快恢复单眼皮,与术中皮肤与睑板缝合固定不佳有关;术后感染,眼部皮肤出现疼痛、红肿的现象,可能导致眼睛干涩、流泪等;手术的切口过大,留疤的概率也比较高。

（罗东升）

三、有了"眼袋"怎么办?

眼睛犹如一幅美丽的画像,再美的画,也需要好的画框来映衬,这就是画框原理。当我们的眼眶骨质吸收、眼睛周边组织萎缩、画框变大时,眼睛的神采顿时就会失分许多。这也是女性朋友们都很在意自身是否有了眼袋的原因!

1. 眼袋形成的原因是什么呢?

眼袋形成的原因大致有以下几点:

第一,每个人到了一定年纪都会形成眼袋,这是因为年纪大了,眼眶周围支持结构慢慢变得松弛,保护眼球的脂肪颗粒开始膨出形成眼袋。

第二,年纪轻轻出现眼袋主要还是遗传因素。

第三,作息不规律、睡眠不足和用眼过度。

2.眼袋手术会不会留疤或复发?

爱美的小姑娘很担心做完手术后留疤或者复发,会不会留疤取决于我们的切口。如果是内切眼袋,是不会有疤的;对于外切眼袋,我们是将伤口缝合在离我们的下眼睑睫毛1~2毫米的地方,这个伤口是非常隐蔽的,所以绝大部分是不会留疤的,而且术后10天左右我们就需开始在皮肤切口外涂瘢痕凝胶了。

女士们也担心做过眼袋手术之后会不会复发。复发是取决于我们做手术的方式,如果我们将脂肪膨出处理得比较彻底,并且将泪沟处理得比较好,一般来说,即使复发也是10年以后的事情了。

(罗东升)

四、"心灵的窗户"周围可以做什么治疗? 术后又该注意什么?

眼睛是"心灵的窗户",眼睛周围有各种可能需要祛除的皮损,我们可以用什么方法祛除,做了治疗之后又该如何护理呢?

眼周皮损的治疗分激光治疗和手术治疗两种,这两种方式各有不同,都要根据具体病情来选择治疗方式。

1.眼周激光治疗的常见问题

1)眼睛周围的东西可不可烧? 痛不痛?

要根据具体的病情情况,眼周一些小的、比较浅表的皮损是可以用激光来治疗的。在治疗之前都是要局部敷麻醉药40分钟以上或者局部注射麻醉药后再做治疗，在治疗的过程中可能会有一点疼痛，但一般都是能忍受的。

2）治疗后多久能掉痂壳？期间能不能用水洗脸？

从结痂到掉痂需要一个过程，一般在1～2个星期掉痂，掉痂时间取决于个人的皮肤情况，因为每个人的新陈代谢速度不一样，在痂壳脱落的时间上也会存在差异，治疗比较深的，脱落时间相对较长一点。此外，在掉痂期间要注意局部护理，不要故意抠掉痂壳，尽量在痂壳掉了后再局部接触水。

3）会不会留疤和印子？会不会复发？

激光治疗是一种效果明显且安全的物理治疗方法，是否会留疤取决于多种因素，跟激光种类、治疗的模式、能量的大小及深浅和自身是否属于瘢痕体质等有关。正确治疗后通常瘢痕不明显。一般浅表性增生物复发的概率相对较小，稍大的肿物都不建议采用激光治疗。

4）好久才能化妆？能不能晒太阳？

激光治疗后皮肤损伤小、恢复功能较好、短时间就恢复的，1个月后可以做一些基础护肤；局部有明显红肿、疼痛症状的，不建议化妆，化妆品中的成分可能会刺激局部皮肤，诱发局部皮肤感染，从而导致创面恢复不好，甚至影响激光治疗的效果。激光治疗后要保持局部清洁干燥，避免阳光直接照射，通常出门尽量戴遮阳帽和打遮阳伞，局部暂时禁用防晒霜，以免留有色素沉着。

5）我自己需要怎么护理?

除了以上问题外，激光治疗后皮肤可能会出现红、肿、热、痛等反应，属于正常现象，不用太紧张，可以选择医用冷敷面膜进行冷敷来缓解疼痛及消炎，然后喷修复因子，涂抹薄薄一层抗生素软膏至结痂。避免吃辛辣及其他刺激性食物，避免喝酒、剧烈运动、暴晒和皮肤按摩等，保持皮肤清洁干燥，按医嘱用药，出现不适情况立即就医。

2. 眼周手术的常见问题

1）双眼皮联合开眼角及眼袋手术治疗前需要做些什么准备? 术后眼睛会不会充血、肿胀? 多久才能恢复正常?

手术当天不能化妆，保持面部清洁；避开月经期、妊娠期及哺乳期；手术前2周禁用活血或扩血管的药物；判断有无高血压、糖尿病、凝血障碍、心脏病等。

一般情况下，1～3天为肿胀期，是术后症状表现最严重的时期，伤口可有各种不适症状，如疼痛、肿胀、充血、渗血、分泌物较多，这都属于正常现象。4～7天肿胀逐渐消退，疼痛也会明显缓解，基本上没有明显的渗血和分泌物可见，这时伤口周围可能会出现一些淤青，随着时间慢慢变淡，伤口处偶有发痒，这是伤口在愈合的一种表现。

2）咋个感觉两边不对称呢？是不是手术没做好？

所有人都有左右不完全对称的情况，术后早期也有麻醉的原因导致肿胀不一样，不要过度紧张，肿胀淤血会随时间逐渐消退；其次，手术操作中根据自身情况切取的组织多少不一样，术后的恢复过程也会有差异，耐心观察3～6个月，门诊随访。

3）术后对外观有没有影响？眼睑周围术后会不会留瘢痕？会不会有缺损？

肿物面积小者术后恢复好，不会影响美观。如果切除范围比较大的肿物，短期内外观有明显的痕迹，有些瘢痕体质者，即使很小的切口，也可能形成明显瘢痕，术后要早期进行瘢痕预防的治疗。睑缘、睑板术后可能会出现轻微缺损现象，3个月后基本可恢复，根据恢复情况门诊随访。

4）术后为什么会出现眼睛刺痛？术后自己怎么护理？

刺痛可能是手术过程中消毒液、麻醉药进入眼内及手术本身创伤、术后感染、缝线等的刺激。

术后护理：

①术后在医生的指导下口服抗生素3～5天，以及口服迈之灵减轻淤血症状。可配合氯霉素眼药水清洁眼部。

②术后尽量卧床休息，减少运动。双眼皮术后可多做睁眼、向上看的动作，有利于双眼皮的成型。

③术后24小时内可以冷敷，用保鲜膜包裹冷藏的袋装牛奶或者冰袋敷在手术部位，每次15～20分钟，注意不要打湿伤口敷

料。冷敷可以收缩毛细血管，减少渗出，减轻肿胀及疼痛，帮助术后恢复。避免长时间冷敷，以防冻伤皮肤。

④保持手术部位清洁干燥，除用药外，伤口避免沾水，局部不能用化妆品及其他刺激性物品，防止感染及瘢痕形成。

⑤睑缘、睑板处的缝线可适当留长一点，把留出的线固定在睑缘外，避免缝线过短刺激眼角膜而引起刺痛、充血。

⑥手术部位注意不要有外力撞击，禁止剧烈运动、提拉重物及强烈的情绪波动等，否则会引起伤口裂开、渗血、淤血及血肿，如有少量渗血，可以自己适当压迫止血，不能压迫止血的，立即就医。

5）术后多久拆线？拆线的时候痛不？术后吃东西有没有禁忌？

眼周术后5～7天拆线，一般不会疼痛，一些比较敏感的患者可有疼痛，但都能接受；拆完线后2天局部才能沾水，以免引起感染。术后饮食宜清淡有营养，多吃水果、高蛋白、高维生素类食物，忌食烟酒、油腻、过冷过烫、辛辣及其他刺激性食物，禁止服用活血化瘀的食物及药物，保持心情愉悦。

（郭红梅　罗东升）

五、自体脂肪可以用来干什么？

在我们既往的认知中都知道"肥肉"就是脂肪，往往被认为是不太好的东西，往往代表着肥胖、丑陋和恶心。但现在脂肪在医美方面又被称作"液体黄金"，这又是为什么呢？难道脂肪还可以"变废为宝"？

1. 自体脂肪为什么被称作"液体黄金"，为什么可以"变废为宝"？

首先，脂肪组织内其实含有非常多的成分，除了脂肪细胞、细胞外基质外，还有很多有用的东西，尤其是脂肪干细胞（adipose derived stem cell，ASC）。我们现在都知道，干细胞可是好东西啊。这家伙除具有多向分化能力外，还具有分泌血管源性生长因子、抗凋亡、抗氧化、调节免疫及炎症反应等特点，在医美和抗衰老方面有很大的价值呢。以前只知道在骨髓和脐带血里面有干细胞，那是多么珍贵，现在发现脂肪里面也有，这是多大的宝库！是不是黄黄的肥肉也就不再恶心而成了"液体黄金"了呢？

脂肪是人体最好获取的自身组织，可以将富余的脂肪组织抽吸出来后，经过处理用以填充自身各个部位的软组织缺损。在治疗疾病方面，可以用来纠正各种原因引起的机体浅表组织缺损，比如手术或外伤导致的皮肤软组织缺失和凹陷；也可以用于先天发育不良导致的颜面不对称等畸形；除此之外，还可以用于医美项目，比如面部填充、丰胸、丰臀等，通过改善形体轮廓达到美容目的，也可精细地进行局部注射填充，改善因为衰老导致的面部松弛和脂肪萎缩，达到面部年轻化的作用。

　　此外，脂肪可以作为填充材料，更因为其富含脂肪干细胞，不仅可以起纠正容量缺失的作用，还可以改善皮肤本身质地，比如通过瘢痕内、瘢痕下注射，促进瘢痕皮肤变软、变平、弹性恢复等这些正向作用。例如图2-7-2这位凹陷性瘢痕的患者，经过自体脂肪填充，不仅纠正了凹陷，也改善了皮肤本身的质地。

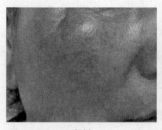

术前　　　　　　　　　　　　术后半年

图2-7-2　凹陷性瘢痕患者术前、术后

2. 脂肪移植都有哪些需要注意的内容？

1）脂肪移植术后运动和饮食该注意什么？

　　对各位美食家及运动达人来说确实比较煎熬，术后1周内只能好好休息，不仅要求保持伤口局部清洁、干燥，而且不能进行跑步、游泳、俯卧撑等剧烈运动。饮食方面，以清淡、流质饮食为主，对于烟酒、火锅、烧烤、热饮、冷饮等食物也只能远远地看着，至于味道嘛，还是可以闻闻的。一般坚持2周后即可恢复正常饮食及运动。

2）吸脂部位出现淤青、发紫，填充部位出现疼痛、麻木、发硬、肿胀怎么办？

脂肪移植可不是闭上双眼，躺着享受的全身水疗（SPA），脂肪填充术是一种有创的手术，吸脂部位出现淤青、发紫是正常术后创伤导致，需尽量减少活动，安静休养。一般2周左右自行消退。只要定期换药，局部不出现发红、发热等感染症状就不用过于担心，放松心情，麻木感、肿胀、疼痛感3～5天即可消失。如肿胀、疼痛明显可遵医嘱服用消肿及止痛药物。术后初期注意不要按摩、揉搓填充部位，如填充部位为面部就要尽可能减少填充部位的夸张表情和活动，避免脂肪组织移位。手术3周后，可每天检查填充部位，若发现有硬块及小颗粒，可每天按摩1～2次，直至硬块消失。

3）术后还能减肥吗？

术后初期是不能减肥的，否则会直接影响手术的效果，如为面部填充，打回原形的效果更明显，好不容易变饱满，立刻减肥又恢复原样了。后期不要过分减肥，适当保持身材即可。

4）脂肪填充后是否管一辈子？多久随访1次？

脂肪填充后脂肪细胞并不能100%存活，可随着身体的新陈代谢而吸收掉一部分，随着时间的推移，效果会不如初期充盈，最长能维持10年。为了持续保持美观，需每隔半年门诊随访1次，医生根据情况建议是否再次填充。

（杨镓宁　李艳红）

第八章
皮肤瘢痕

一、"留疤"就是"瘢痕体质"吗？

门诊时常有患者会问，做手术、做激光留疤吗？我是不是瘢痕体质？是不是"留疤"就是"瘢痕体质"？

首先要说，瘢痕是皮肤组织损伤修复的必然产物，任何人受到累及真皮深层的损伤都需要纤维组织和胶原来修复创面，这种组织就是瘢痕组织，没有瘢痕组织的形成，就没有创面的愈合，所以所有涉及真皮深层的损伤都必然会"留疤"（图2-8-1）。所以"留疤"是所有人都存在的自然修复结果，自然也就说明"留疤"并不指代"瘢痕体质"。

"瘢痕体质"更多是指部分人群在受到外伤或者炎症刺激后，特别容易形成超出损伤本身的严重瘢痕，比如瘢痕疙瘩（图2-8-2），

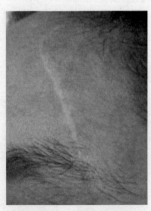

图2-8-1　正常浅表瘢痕

增生性瘢痕（图2-8-3）等。所以，现在瘢痕学界已经较少使用
"瘢痕体质"而更多使用"瘢痕疙瘩体质"来更清晰地表达这个
体质的特点。

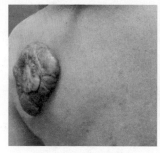
图2-8-2 瘢痕疙瘩

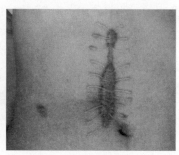
图2-8-3 增生性瘢痕

所以，对于绝大多数外伤后遗留瘢痕的患者而言，其实都是
正常瘢痕，这些人都可以放心大胆去做各种有创治疗，但需要按
照我们接下来说的常规预防瘢痕措施来做。

（杨镓宁）

二、外伤后怎么才不容易"留疤"？

"医生，一个月前宝宝玩耍时跌了一跤，脸上磕破了，现在
这个疤怎么去掉？"

"医生，我骑车摔了一跤，膝盖磨破皮，去医院缝合了，但
这个瘢痕像蜈蚣虫一样，还时不时痒、痛怎么办？"

"医生，我做了甲状腺手术，脖子上的瘢痕很难看，可以改善吗？"

生活中难免会有磕磕碰碰甚至意外伤害，伤口愈合后就会形成凸起的、凹陷的或者颜色不同的瘢痕，甚至还会不断地扩大生长、增厚，有时候还会出现瘙痒和疼痛。随着生活水平的提高，人们对面部美容、生活质量的要求越来越高。除了对功能修复的要求外，对美观的需求也是患者进行治疗的最主要的目的。

1. 什么是瘢痕？

瘢痕，是各种皮肤损伤所引起的正常皮肤组织自我修复产生外观形态和组织病理学改变的统称，是人体创伤修复过程中的必然产物。仅伤及表皮的损伤一般不会遗留瘢痕，可以达到完全恢复，比如浅表的擦伤、针刺伤、轻度的烧烫伤。深达真皮及皮下组织的损伤必然是瘢痕修复。损伤的层次越深，愈合后形成的瘢痕就越严重。如果浅层的损伤合并感染，也会形成明显的瘢痕。瘢痕分为萎缩性瘢痕、增生性瘢痕及瘢痕疙瘩。

2. 各期的瘢痕有什么特点，都该怎么防治？

常见的瘢痕可以分为三个时期，即增生期、减退期、成熟期。增生期一般持续6个月，通常表现为瘢痕增生活跃，出现红、肿、硬、痛、痒等不适。此期一般以预防治疗为主，建议日常护理、压力治疗、药物及光电设备同时应用，此时是瘢痕治疗的关键阶段。之后会进入6个月至1年的减退期，瘢痕增生减退，厚度变薄，边缘逐渐萎缩且硬度变软，颜色由红色向紫色、紫褐色色素沉着转变，瘢痕表面部分毛细血管扩张消失，痛痒症状减轻。此期仍以非手术治疗为主，应继续使用抗瘢痕药物及激光治疗等。对于一些关节运动相关区域的瘢痕，尤其是儿童，如果瘢痕增生影响关节活动，应尽早手术。之后进入成熟期，不再继续增生，维持减退后的厚度、硬度及范围，瘢痕仍高于皮肤，质地稍硬于周围皮肤，颜色变暗或当深褐色或接近于周围皮肤，痒、痛症状消失，瘢痕与基底和周边皮肤分界清楚，易推动。此期为稳定期，若不满意可进行激光治疗，也是手术治疗的最佳时期。

3. 怎么预防瘢痕增生呢？

瘢痕的预防应该从创伤发生时开始进行，目的是减少瘢痕的产生。主要包括瘢痕形成前的预防和瘢痕形成期的治疗。

1）瘢痕形成前

瘢痕形成前的预防首先是预防和控制感染，感染是瘢痕形成的最重要因素之一。对于轻微的擦伤，可以涂碘伏消毒，清洁残留在皮肤上的异物、残渣，外用抗生素软膏，如夫西地酸乳膏、莫匹罗星乳膏等；对于轻度的烧伤、烫伤，要立刻冷水冲洗进行冷敷处理，直到疼痛、烧灼感消失，冷敷后创面涂碘伏消毒，外用烫伤膏进行修复，在伤口愈合前不能沾水。

此外，尽量在第一时间（6小时内）选择可以进行美容缝合的科室进行分层减张精细缝合。选择美容缝合来早期处理这一类伤口，可以最大限度地减轻瘢痕的增生。美容缝合是一种讲究精细美容缝合的技术，兼顾功能与美观的要求，通过真皮层的充分减张和各组织层次的精细对合，再配合小针细线和缝合方式，可以更好地隐匿瘢痕，更有利于伤口恢复。如果伤后早期经过正确、恰当的处理者，可延长至伤后24小时内进行美容缝合。如果外伤严重，伤口过深、过大，甚至出现感染征象，就不能用美容缝合的方式，应当选择传统外科缝合的方式进行缝合，如合并多种损伤或存在活动性出血时，也要优先选择急诊处理危急问题。美容缝合与普通缝合的区别见图2-8-4。

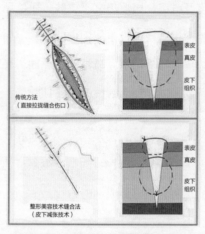

图2-8-4 美容缝合与普通缝合的区别

2）瘢痕形成期

瘢痕形成期主要根据瘢痕分类、有无瘢痕史（包括既往治疗成功或失败史）、瘢痕常见症状（如疼痛、瘙痒等），对患者进行评估，遵循早期、联合、充分的治疗原则，制订个体化抗瘢痕治疗方案。

（1）非手术治疗

①压力治疗：又称加压治疗，主要包括弹力绷带、弹力套和弹力衣，以预防或抑制皮肤瘢痕增生，可以有效降低瘢痕的充

血情况。在创面愈合后尽早使用，在不影响肢体远端血供的情况下，加压越紧越好，每天至少使用18小时，直到瘢痕稳定。

②抗瘢痕药物外用治疗：建议伤口愈合后尽早（1周后）开始使用外用抗瘢痕药物，抗瘢痕药物的种类繁多，目前常用抑制炎症介质和软化瘢痕的药膏，如多磺酸黏多糖乳膏、积雪草软膏等。另一类是硅酮类制剂，包括硅酮凝胶和硅酮贴，一般持续3~6个月，直到瘢痕基本退红。

③瘢痕内药物注射治疗：俗称瘢痕针、去疤针，在瘢痕早期，如果出现瘢痕变硬、隆起，将药物注射到瘢痕内，以达到软化瘢痕、抑制瘢痕增生、改善痒痛不适的目的。常用的瘢痕内注射药物主要有曲安奈德、倍他米松、5-氟尿嘧啶等药物，一般2~4周注射1次，3~6次为1个疗程，可使瘢痕变平、变软，痛痒症状明显减轻或消失，当瘢痕区域平软时，可逐渐延长注射周期，可改为6周1次、8周1次、12周1次，注射到瘢痕完全平软方可停止。注射治疗前后应充分了解现病史及过敏史。瘢痕内药物注射要坚持规律治疗，千万不可自行停诊、停药，尤其是瘢痕疙瘩患者，以免引起复发等问题。

④激光治疗：根据瘢痕的不同时期选用不同作用的激光，根据具体情况制订个体化方案，保证治疗安全性的前提下，设置适合的能量、密度、频率等。对红色增生性瘢痕多选择脉冲染料激光、强脉冲光等，对合并有色素沉着的瘢痕可联合调Q激光和Nd：YAG激光；CO_2点阵激光及铒激光适于治疗萎缩性瘢痕。

⑤放疗：临床研究表明手术切除联合放疗，对于稳定期的增生性瘢痕及瘢痕疙瘩的治疗效果显著。放疗禁用于16岁以下者、近期准备生育者、孕产妇及其他经放疗科评估后不宜进行放疗的患者。

（2）手术治疗

对于外伤后没有进行美容缝合或手术愈合不佳形成的瘢痕，手术是主要的治疗手段。较小的瘢痕可以考虑切除后减张精细缝合，对于瘢痕面积较大，尤其是当伴有功能障碍或者形态改变时，可采取瘢痕松解整复术、瘢痕切除皮瓣转移术、瘢痕切除皮片移植术进行修复。具体手术方案需专业医生根据瘢痕的部位、大小、形状等制订。

4. 外伤后饮食与日常护理该怎么注意？

注意饮食，不要吃辛辣及其他刺激性食物，忌烟酒，避免汗蒸和桑拿等以免延长或加重瘢痕的充血。预防感染，不要沾水，遵医嘱定期换药。注意防晒，直至瘢痕进入稳定期，尽量不要让瘢痕直接接触紫外线，这样有可能造成色素沉着，让瘢痕的颜色加深。术后1年内遵医嘱进行抗瘢痕治疗。

专家总结

　　瘢痕的治疗强调预防为主，防治结合，早期、联合、充分治疗。但要提醒的是，瘢痕的治疗是一个长期的过程，病情会有反复，在治疗过程中还可能出现复发、增大的情况。瘢痕疗效评价需要观察1~2年，需要根据瘢痕恢复情况进行动态治疗，与医生沟通调整治疗方案，积极配合治疗，争取取得最大的疗效，直至获得满意的效果。

（雷华）

三、怎么样才能在手术后不"留疤"？

　　作为手术医生，经常可以听到患者有这样的需求，"医生，我的手术会留疤吗？""医生，我的疤可以小一点吗？""我的手术是小手术，是不是不会留疤？""医生，是不是用美容线就不会留疤了？"对此，前两个问题是肯定的回答。而对于后两个问题，我们只能回以抱歉而又不失礼貌的微笑，因为答案是否定的。

　　在前面的问题中，我们已经知道，除了未出生的胎儿，只要损伤到了皮肤真皮深层，如果没有瘢痕的形成，就没有创面愈合的可能。在皮肤外科手术中，绝大多数需要切除的皮损都累及皮肤全层或真皮层，那么完整切除也就必然损伤皮肤真皮组织，所以遗留术后瘢痕就是必然。

但经常也有患者会问，身边的某亲朋好友术后没有看见瘢痕，那么是怎么回事呢？其实，不是手术瘢痕不存在，只是瘢痕可能因社交距离而不明显，甚至仔细肉眼观察也不容易被察觉而已。其实，这就是所有皮肤外科医生想要努力做到的事情——让术后的瘢痕不明显。

1. 如何选择合理的治疗方法？

如果只是单纯为了祛除一个异常皮肤增生物，其实有很多种方法。从古至今，无论用火把烧，用针挑，用药水腐蚀，甚至直接用刀砍，其实都能祛除一个异常的皮损。但为何现在的人听来感觉有点恐怖呢，这是因为这些方法造成的损伤太大，付出的代价太大，而随着科学技术和对疾病认知的进步，我们有了更多、更好的选择。根据不同的皮损类型、部位、治疗目的、美容要求等做出合理的最佳选择。例如，遇到一个稍偏大、偏深的色素痣，传统用激光或者药水腐蚀也可以处理，但选择精准切除、美容缝合可能更加美观；遇到一个面积巨大的色素痣，最佳方案不再是传统的一次性切除，而是采取从身体其他部位取皮植皮使最终瘢痕更小的分次切除手术。

所谓条条大路通罗马，但总有坦途大道和荆棘之路的差别。所以，在治疗前选择正规医院，选择既有医学基本素养，也有美容观念的医生，选择适合自己的最佳方案，是术后瘢痕最不明显的前提条件。

2. 手术怎么做才美观?

首先，需要明确即使追求尽可能美观，也需要在完整祛除病变组织的基础上，不能一味追求小切口，需要在彻底祛除病变和尽可能美观之间找到平衡点。传统手术需要做到的"无菌、无瘤、无效腔、无张力、微创"这些基本要求都应该做到。除此之外，在胸背部、下颌部这些肌肉运动多或者皮肤张力大的地方，更应该做到"负张力缝合"，以减少未来肌肉运动、皮肤拉扯出现瘢痕增宽的可能。不过，医生需要提醒患者的是这样"负张力缝合"早期有点不太好看，感觉切口处不平整、突出明显，但从长远来看，减少了瘢痕的宽度自然更好。当然，这些就需要一位对此有足够认知并能熟练应用的皮肤外科医生啦。

3. 用了"美容线"就是美容缝合吗? 什么时候拆线好?

我们常常听过各种缝线的名字，"美容线""自化线""细线"等，似乎用了这些特殊的线就是美容缝合了，疤就小了。但不得不说，实际并没有所谓"美容线"，也不是用了"美容线"就是美容缝合。所以，用"精细缝合"来替代"美容缝合"一词应该更加准确，具体来说，是从皮下组织层开始，逐层缝合关闭创面缺损，达到切口表面不需要缝合也可以完全没有张力，或者在负张力的情况下紧密完全平整的对合。

特别需要指出的是，出于美观考虑，外用的缝合线一般不采用可吸收的"自化线"而用需要拆除的"细线"。为什么呢？要知道可吸收线的"自化"时间太长，一般需要2~4周，而作为异物在皮肤浅层停留越久，越容易引起炎症并导致瘢痕增生。而大多数皮肤切口的愈合时间是5~14天，多余的时间就是完全浪费并容易导致瘢痕增生。而这些5—0、6—0的"细线"比头发丝还细，也往往是特殊材质，几乎不会因为穿过皮肤而形成炎症反应，及时拆除一般不会导致瘢痕增生。

在伤口愈合后及时拆除外在的缝线也极为重要。根据部位不同，拆线的时间也不同，一般颜面部5~7天拆线，头颈部和躯干部10~12天拆线，四肢12~14天拆线。

4. 术后该怎么护理瘢痕才不明显呢？

术后为了检查瘢痕，应从拆线前持续至瘢痕完全稳定后3~6个月。首先应该规范换药，到医疗机构定期清洁创面，祛除血痂，预防感染。拆线后配合使用瘢痕凝胶或者瘢痕贴3个月，在胸背、下颌等张力大、肌肉运动明显的部位，配合使用皮肤减张器或减张贴。必要时，在出现瘢痕增生早期就采用光电治疗等手段控制瘢痕增生可能。

（杨镓宁）

四、长"痘痘"留下"痘印""瘢痕"怎么办?

"痘痘"是寻常痤疮的俗称,常见于18~30岁的年轻人,主要发生在面部、胸背部,主要是皮脂分泌过于旺盛导致的油脂堵塞毛孔,栓塞在毛囊口内形成粉刺,当有色素沉着时即为黑头粉刺,当皮肤受微生物脂酶作用,游离脂肪酸进入真皮,加之细菌感染引起炎症,产生丘疹、脓疱、结节、囊肿等。

每年来皮肤科就诊的患者中,寻常痤疮患者占到了三分之一,常可见旧的痘痘还没有消下去,新的已经长了好几拨,此消彼长,反反复复,经历口服药物、外用药物、针清、刷酸和光子等多种手段,历经很长时间终于让痘痘偃旗息鼓,但脸上却残留了黑黑的、红红的痘印,甚至还有凹凸不平的瘢痕,形如月球表面,怎么整?

1. 红色痘印

主要是痘痘发炎后没有及时消炎引起了毛细血管扩张,痘痘消下去以后,这部分毛细血管不能马上收缩恢复至原有的样子,就形成了红色痘印(图2-8-5)。它属于炎症免疫反应,大部分是暂时的,如果不是特别严重,可以待其慢慢消退,

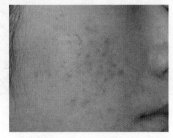

图2-8-5 红色痘印

如果想早点让痘印消失，可以选择一些针对炎症的消炎药品或护肤品，比如维A酸类、水杨酸类等。

很长时间不消退，甚至没有好转迹象的红色痘印，可能是因为受损的毛细血管扩张过度，丧失收缩能力，可以考虑采用强脉冲光，也是常说的光子嫩肤，它是一种安全性很高的医美手段，可以选择性地吸收血管中的血红蛋白，在不破坏正常组织结构的前提下，使扩张的血管闭合，达到祛红斑痘印的效果。

2. 黑色痘印

黑色痘印则是痘痘发炎后没有及时消炎和正确防晒，引起色素沉着造成的，一般在半年到一年逐渐淡化，但有可能在脸上停留时间很长，消退很慢。

黑色痘印自行消退所需时间比红色痘印更长，更难祛除，色素沉着在表皮层相对容易消除，真皮层则需要的时间更长（图2-8-6）。

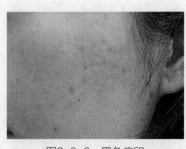

图2-8-6　黑色痘印

改善黑色痘印的方法主要是抑制黑色素的形成，加速黑色素代谢分解，与美白祛斑的方式相似，常见成分有维生素C类、烟酰胺类、熊果苷类等。

对于比较顽固的痘印，

外用药和护肤品的效果都比较有限。若是 2 ~ 3 个月还未得到改善，可以借助化学换肤，也就是我们通常说的刷酸，通过加速表皮废旧角质更替，促进皮肤新陈代谢，从而达到减轻色素沉着的目的。强脉冲光在痤疮的治疗中有着重要的作用，它是宽谱的光波，对黑色素、氧化血红蛋白、水等多种靶色基具有选择性光热作用，简单来说，不仅可以促进红色痘印消失，还可以针对黑色素以及皮肤中的胶原，达到加速痘印消失、控制痤疮炎症以及提升肤质的目的。

3. 痤疮瘢痕

由于炎症反应、感染、处理不当等因素造成皮肤组织损伤，引起不可逆的真皮损伤，导致脸上形成坑坑洼洼的"月球表面"，我们称为痤疮后痤疮瘢痕，这就是我们俗称的"痘坑"，痤疮

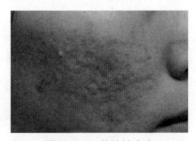

图2-8-7　萎缩性瘢痕

瘢痕主要分为萎缩性和增生性，也可发生瘢痕疙瘩，其中萎缩性最为常见（图2-8-7）。萎缩性痤疮瘢痕按其破坏深度和大小又分为冰锥型、箱车型和滚轮型。痤疮引起的增生性瘢痕（图2-8-8）及瘢痕疙瘩（图2-8-9）通常发生于一些特殊体质的人群，主要发生在两侧下颌处、胸背部，形态如蟹足。

图2-8-8　增生性瘢痕

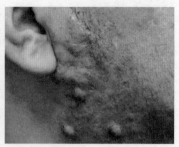

图2-8-9　瘢痕疙瘩

　　针对不同时期、不同类型的痤疮瘢痕，治疗上需要结合不同的瘢痕情况进行早期、联合、充分治疗。目前常用的治疗方法包括压力治疗、手术治疗、放疗、硅胶制剂及使用激素、抗肿瘤药物等，新的治疗方法如激光、A型肉毒毒素注射、自体脂肪移植、免疫疗法、基因疗法等也备受关注。病理性瘢痕严重影响患者的生理功能和心理健康，应采取积极的治疗措施。

　　在瘢痕初期，建议积极干预，进行抗炎修复，防止皮肤产生明显瘢痕，可采用强脉冲光或585纳米、595纳米脉冲染料激光治疗红斑性增生性瘢痕/瘢痕疙瘩，直至皮损炎症性红斑改善或消退。在瘢痕成熟期，对于轻度萎缩性瘢痕，建议采用非剥脱性点阵激光或剥脱性点阵激光，如CO_2、Er:YAG点阵激光治疗，也可用微针射频或中医梅花针滚针治疗。增生性瘢痕应采用药物联合光电治疗模式，如长效激素、5-氟尿嘧啶等皮损内注射联合激光治疗等。对部分形成瘢痕疙瘩的患者，建议药物治疗、光电联合放疗或手术联合放疗。

专家总结

　　形成痤疮后痘印、痘坑的原因多种多样，治疗方法也多种多样，因为各种治疗方法都存在优缺点，且治疗仍面临较大挑战，所以根据具体情况推荐选择两种及两种以上的多方式联合治疗，这样可以取得更佳的治疗效果。

　　看完这些，希望被痘印、痘坑困扰的朋友们，学会正确对待，积极预防，尽早治疗痤疮、控制皮脂过度分泌、减少炎症反应损伤。建议到皮肤科门诊就诊，医生会根据具体情况，制订合理的个性化治疗方案。

（雷华　杨镓宁）

五、是不是打了"去疤针"就没有"疤"了？

　　大多数瘢痕疙瘩和增生性瘢痕的患者都听说过或者使用过"去疤针"或者"瘢痕软化针"。那么是不是打了这个针，就没有"疤"了？以下我们就来探探究竟。

1. "去疤针"是什么？

　　所谓打"去疤针"或者"瘢痕软化针"，实际上是指将特

殊的药物局部封闭注射进
瘢痕组织内，以达到治
疗瘢痕的作用（图2-8-
10）。其成分一般是激
素、抗肿瘤药物的一种或
者多种混合。

激素一般是曲安奈德
注射液或者复方倍他米松

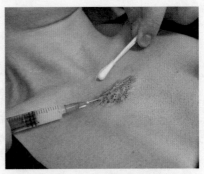

图2-8-10 瘢痕内封闭注射

注射液，也是最常用的"瘢痕软化针"成分。通过激素的抗炎、抗免疫作用来抑制成纤维细胞过度增殖，促进异常胶原纤维降解来达到缩小和软化瘢痕组织的效果。近年来，抗肿瘤药物在瘢痕治疗中的使用越来越广泛，一般常用的是5-氟尿嘧啶或者丝裂霉素，主要可以起到封闭瘢痕组织异常增生的血管和异常瘢痕组织坏死等作用。此外，为了减少注射时的疼痛反应，还常常加入局麻药利多卡因注射液。

所以，所谓"去疤针"并不是特别神秘的神药，而是一类可以用于治疗瘢痕的药物或混合配方。

2. "去疤针"可以治疗哪些"疤"？

"去疤针"是将药物局部注射在瘢痕里面，使肥厚突出的瘢痕出现软化。所以，一般用来治疗处于增生阶段的增生性瘢痕和瘢痕疙瘩。尤其是由寻常痤疮、毛囊炎引起的小型炎症性瘢痕疙瘩更是第一治疗选择，规范的治疗往往可以取得比较好的效果。

但是，需要强调的是，"去疤针"对于局部萎缩的凹陷性瘢痕和以色素沉着为主要表现的浅表性瘢痕并没有效果，甚至可能起反作用。

3. "去疤针"该怎么打？

有了瘢痕是不是打一针"去疤针"就好了呢？显然不是。如果有这样一种简单易行的方法，那么瘢痕也就不配称为世界性难题了。

药物封闭注射首选治疗对象是多发性小型炎症性瘢痕疙瘩和增生性瘢痕。原则上2~4周进行1次注射治疗，1个疗程为3~8次，直至瘢痕变平、变软且较为稳定。真正专业的瘢痕诊疗医生需制订个性化的治疗方案，根据瘢痕差异和患者就诊条件，选择相对短效的曲安奈德注射液或者相对长效的复方倍他米松注射液，或者加抗肿瘤药物，并根据瘢痕治疗反应调整药物混合比例。必要时配合光电治疗和浅层放疗以加强和巩固疗效。

必须提及的是，药物封闭注射对于面积较大且肥厚过度的瘢痕疙瘩效果有限，仅能起到一定程度软化瘢痕、抑制瘢痕快速增生、减轻瘙痒刺痛感觉的效果，往往还需要配合其他治疗手段，如压力治疗、光电治疗、浅层放疗甚至手术等。

4. "去疤针"有什么副作用？

虽然"去疤针"的成分是激素和抗肿瘤药物，但因为局部注射用量很小，所以并无太大副作用出现。但增生性瘢痕和瘢痕疙瘩较为顽固，需要长期多次治疗，药物注射停止后仍有一定复发概率。所以长期或不合理过大剂量使用，仍可能产生局部或系统性副作用。局部副作用有皮肤变薄、毛细血管扩张、毛囊炎发作等（图2-8-11）。系统性副作用有向心性肥胖、多毛、女性月经周期异常，极为严重时可能有高血压、骨质疏松、抵抗力下降、伤口愈合缓慢等情况。因而必须强调，药物封闭注射必须由专业医生定期随访、注射操作规范，并适时根据病情变化调整治疗方案。

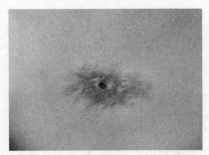

图2-8-11　封闭注射后毛细血管扩张

5. 为什么有些人打"去疤针"越"打""疤"越大？

首先需要说明的是，瘢痕是一个持续增生发展的疾病，尤其瘢痕疙瘩是永久持续生长。即使不做任何治疗，瘢痕本来就会持续生长变大，"去疤针"表示不能"背这个锅"。

其次，通过回顾越"打"越大的患者治疗经过，往往可以发现其治疗并不规范。往往打一针有改善就不再治疗，再次出现增生瘙痒后再去治疗，治疗极不规范。药物封闭注射后往往在治疗后2~3周效果最佳，可以见到明显平软，但4周左右开始恢复缓慢增生，如果借此较好状态持续治疗往往效果较好，但如果完全恢复到治疗之前再继续治疗自然效果不佳，也容易出现越"打""疤"越大的情况了。

6.打完"去疤针"后该注意什么?

①应保持注射部位干燥清洁，24小时内不沾水，预防感染。

②不搔抓、摩擦注射区域，以免皮肤表皮损伤，再次诱发瘢痕增生。

③如果注射后出现局部感染、炎症、疼痛或局部皮肤坏死等不良反应，应及时到正规医院就诊。

（杨镓宁）

六、瘢痕疙瘩该怎么治?

"瘢痕疙瘩"又被称作"蟹足肿"或者"瘢痕瘤"，虽说是一种特殊瘢痕，但从本质上也可归入良性肿瘤范畴，一般多在"瘢痕体质"患者身上出现。

瘢痕疙瘩可以单发或多发，一般高于周围正常皮肤，超出原损伤范围的持续性生长的肿块，质地较硬，有侵袭性生长趋势，常伴有明显的疼痛和瘙痒，很难自行消退。可以视作为"杀人越货"的"重刑犯"，常常"团伙作案"，不光危害巨大，而且容易卷土重来，属于"打黑扫黑"的范畴，常需要"重拳出击"。

接下来，我们就要看看瘢痕疙瘩该怎么治疗了。

首先制订治疗方案时应区分成年人和儿童的差别，不同年龄阶段治疗方案有所不同。一般对于儿童来讲，应慎用激素和抗肿瘤药物，谨慎使用浅层放疗，多以保守治疗为主。

其次，应根据不同瘢痕类型针对性制订方案。非手术治疗可作为小型瘢痕疙瘩和炎症性瘢痕疙瘩的优先手段，主要以激素和抗肿瘤药物（如5-氟尿嘧啶）混合注射为主。并需要在后期联合诸如染料激光封闭瘢痕血管、浅层放疗突破药物注射瓶颈等方法提高效果并减少复发概率。

对于大型瘢痕疙瘩，尤其是胸背部高张力部位的瘢痕疙瘩，一般采用手术切除+术后浅层放疗，术后辅助以口服药物、外用硅酮类药物及减张器、加压等方法进行治疗（图2-8-12）。耳郭部位的瘢痕疙瘩一般治疗效果较好，复发率相对较低。

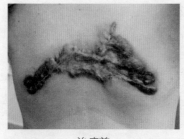 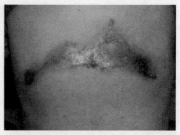

治疗前　　　　　　　　　手术综合治疗后

图2-8-12　胸部巨大瘢痕疙瘩治疗前后

但我们需要明白的是，瘢痕疙瘩是具有高复发风险的疾病，所以不管我们治疗达到多么好的效果，都必须随时警惕它的复发风险。长时间的随访和动态管理是提高瘢痕疙瘩治疗效果的重要保证。

（杨镓宁）

七、瘢痕疙瘩是不是做了手术就万事大吉了？

瘢痕疙瘩是个特别难以根治的疾病，虽大多不影响生命健康，但高复发性决定了它治疗的困难。所以，作为瘢痕疙瘩患者而言，必须明白以下一些问题：

1. 为什么做了瘢痕疙瘩手术，皮肤还是突出来的呢？

瘢痕疙瘩切除术后因张力过大，需要减张缝合，所以我们手术时会故意把切口两侧皮肤往中间缝合形成一个突出皮肤表面的一个伤口，可以减少皮肤张力，刚开始可能会觉得不好看，但是一般3~6个月通过皮肤张力，皮肤会慢慢变平整，变成一条线状的瘢痕，再通过一些祛瘢痕的药物，这条线状的瘢痕会慢慢变淡，后期不会很明显。

2. 照了浅层X线后可能会出现哪些症状？

有部分患者照了浅层X线后伤口会有红肿、溃烂，周围出现小疹子、白色分泌物、色素沉着等症状。出现这种情况不要担心，如果症状严重，先暂停照射浅层X线，等症状消退了再继续照射，如果症状不严重，继续照射浅层X线，按时换药，拆线以后自然就会消退。

3. 术后的护理要点有哪些？

术后要保持敷料、伤口清洁干燥，不要用手去抓伤口；常规每两天换药1次直到拆线，瘢痕疙瘩术后患者都需照射浅层X线，每次照完后都要换药，换药的时候要观察伤口有没有红肿、疼痛以及分泌物等情况，伤口愈合得越好，瘢痕形成就越小。拆线的时间面部一般是7天，头颈部是10天，躯干是10~12天，四肢是12~14天。如果手术采用超减张缝合的方式，拆线时间可以缩短至7天。如果伤口出现剧烈疼痛、伤口红肿明显、有分泌物、全身发热等症状时需要及时就医。拆线后有些特殊部位也可以用外力压迫它抑制生长（比如耳垂，可以用耳夹夹住耳垂，关节处也可以用运动护腕、护膝等）。

4. 瘢痕疙瘩做了手术得不得再长？

瘢痕疙瘩多有瘢痕体质倾向，即使手术切除所有瘢痕疙瘩，并不能改变瘢痕体质，所以有可能再次生长。另外，瘢痕疙瘩治疗是一个长期过程，需要长期动态管理来降低它的复发性。稍有复发迹象即需要积极应对，不能严重了再处理。

5. 术后需要忌口不?

有患者常问"那我能不能吃酱油呢? 听说吃了酱油会留疤, 会有色素", 当然能吃, 这个是没有科学依据的, 术后本来伤口会有留疤跟色素的可能, 跟吃酱油没有任何关系。

6. 瘢痕疙瘩需要随访多久?

一般需要随访3 ~ 5年时间, 在术后的每2~3个月均需到医院复查1次。此外, 如果在此期间发现局部有明显瘙痒、瘢痕生长的迹象也需尽快就医。

7. 为什么需要随访?

瘢痕疙瘩是一个容易复发的疾病, 每次随访我们都要观察伤口是否有复发的迹象, 如果在随访过程中发现有复发的可能, 就要及时找医生复诊, 及时巩固治疗, 比如通过打封闭、激光治疗等来抑制增长。如果错过了瘢痕疙瘩复发时机的治疗, 它会越长越大, 治疗难度也会越来越大。

8. 瘢痕疙瘩术后选择哪些瘢痕防治药物和医疗器械?

硅酮类凝胶: 外用, 拆线后1周使用, 每天薄涂2次, 下次使用前先清洗干净再使用, 一共使用半年到1年。

瘢痕贴: 拆线1周后伤口没有红肿、分泌物的情况下再使用, 把瘢痕贴剪裁成刚刚能覆盖伤口的大小, 清洁伤口后贴上, 沐浴时可以取下, 洗完澡后瘢痕贴没有污染, 还有黏性的情况下还可以反复使用，可以贴2周，2周后再更换1张，如果使用过程中有瘙痒、小疹子的情况停止使用，可以更换另外一种祛瘢痕药。

减张器：常用于张力比较大的切口，术后可以立即使用，也可以拆完线后使用，作用主要是减少切口两侧的张力，进行解压，避免把瘢痕拉宽，能使瘢痕恢复得更细、更平整，是治疗瘢痕常用的一个辅助工具。使用方法是先把切口清洗干净，把减张器剪裁成切口大小的长度，贴到切口的两侧，再把减张器上的拉扣逐一拉紧，也不能一次收得太紧，以免发生张力性水疱，根据皮肤跟张力程度再进行调整，一般中间空隙收至1～2厘米。再将多余的拉扣剪短，以免患者在日常生活中划伤。建议减张器1～2周换1次，使用3~6个月，减张器是不能碰水的，以免没有黏性影响减张的作用。在使用减张器过程中，出现过敏症状如水疱、红肿情况应暂停使用。

（黄蓉）

八、瘢痕疙瘩术后要做放疗，是不是很可怕？

在我们日常生活中，可能会因为外伤、炎症、烧伤、手术等原因使身体出现一些伤口，如果伤口较深，愈合后会留下瘢痕。正常的瘢痕不突出皮肤表面，也没有疼痛和瘙痒感，通常不会给大家带来太多不适感。但有些瘢痕与普通的瘢痕不同，它凸起于皮肤，常为鲜红色或暗红色，摸着感觉很硬。常会向周围伸出"蟹爪"并不断扩大，且长势常年不衰，并时常会感觉刺痛、瘙痒，这种瘢痕我们称为瘢痕疙瘩（图2-8-13）。

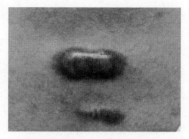

图2-8-13　瘢痕疙瘩

瘢痕疙瘩会从身体、精神上一直折磨着患者，目前虽然治疗方法众多，譬如手术切除、压力疗法及激光、局部注射及外用药物治疗等，但均为临时控制症状，只能减少疼痛和瘙痒，暂时抑制生长，而且治疗后的复发率非常高。很多患者会认为把它切除就好了，但殊不知单纯的手术并不能根治，手术切口处会很快长出一个更长、更大的瘢痕疙瘩。有研究统计，瘢痕疙瘩单纯手术后复发率在80%以上。而放疗作为降低瘢痕疙瘩复发率最有效的治疗方法；与手术相结合后可谓是瘢痕疙瘩最有效的治疗手段，但大多数患者很难接受放疗。提到放疗有人可能会困惑，不是肿瘤才做放疗吗？会有这样的疑问，是因为大家对放疗不了解。

放疗作为防止瘢痕疙瘩术后复发的首选治疗方法，主要有三种，分别是加速器产生的电子线、浅层X线和放射性核素敷贴治疗。它们之间最大的区别就是放射源不同，由于核素皮肤穿透能力有限，加上核素放疗导致的放射性皮炎和色素减退等不良反应，目前国内外不推荐使用核素敷贴治疗，多采用直线加速器产生的电子线或浅层X线对瘢痕疙瘩进行放疗。而直线加速器输出的射线能量大、穿透力强、照射深度强，一般用于部位较深的肿瘤治疗，在用于浅表治疗时，可能会对皮下组织造成较大的损伤，引起正常组织的并发症。浅层X线放疗只作用于皮肤层，仅达到皮下3~5毫米，对身体的损伤相对更小，用于治疗瘢痕疙瘩时，副作用很轻微，而且是可控的。因此，目前瘢痕疙瘩放疗首选浅层X线治疗。下面我们了解一下浅层X线。

我们知道在医院进行X线检查时，身体会受到X线辐射，但辐射剂量非常微小。其实辐射在我们的生活环境中无处不在，我们吃的食物、住的房屋、天空大地、山野草木，乃至人的身体都存在着辐射。辐射依其能量的高低及电离物质的能力分为电离辐射和非电离辐射，我们这里讨论的浅层X线属于电离辐射。电离辐射主要有三种：α、β及γ辐射。X线是波长介于紫外线和γ线间的电离辐射。而根据X线的不同波长，X线又可分为硬X线与软X线，波长越短的X线能量越大，称为硬X线，波长越长的X线能量较低，称为软X线。用于治疗瘢痕疙瘩的浅层X线就属于软X线。它具有能量较低，照射深度浅，对皮下深部器官保护好，照射比较精准的特点（图2-8-14）。

图2-8-14　浅层X线治疗

瘢痕疙瘩在形成的过程中主要是因为成纤维细胞过度增殖，从而导致瘢痕增生。浅层X线可抑制成纤维细胞的活性，使瘢痕生长速度减慢或者抑制生长，减少皮脂腺的分泌及使血管闭塞，并有镇痛、止痒作用。单纯浅层X线放疗照射瘢痕疙瘩，虽可抑制其增生，使其体积缩小，但进程缓慢且疗效不肯定，因为此时瘢痕疙瘩所含的主要成分为成熟的成纤维细胞和胶原纤维，对射线不敏感；如在瘢痕疙瘩切除后24～48小时进行放疗，此时切口处幼稚成纤维细胞占大多数，不稳定的胶原纤维为主要成分，幼稚成纤维细胞和不稳定胶原纤维都对放射线相对敏感，同时射线还可抑制切口处毛细血管芽的增生。临床上通常在开展浅层X线治疗时要与外科手术相结合，这样才能达到最佳治疗效果。浅层X线治疗的过程很简单，没有任何痛苦，但要求手术后24～48小时开始浅层X线的治疗，一般需要治疗3～5次，每天1次。治疗时将照射治疗头固定在手术创面，治疗时间小于1分钟，完全没有疼痛，治疗后正常换药即可。除了可以配合手术切除外，浅层X线治疗还可作为瘢痕疙瘩局部药物封闭治疗后的有效辅助治疗，提高疗效，明显减少复发率。

浅层X线放疗是十分安全的。目前不少患者或患儿的家长担心该方法影响生长发育及可能具有潜在的致癌性，不愿意接受该治疗方法，这是受肿瘤放疗副作用的影响而产生的误解。放疗诱导恶性肿瘤的发生依赖于照射总剂量、器官和受照时年龄。浅层X线放疗不同于肿瘤放疗，单次照射剂量、照射总剂量和照射深度方面与肿瘤的放疗都有很大的差别。由于浅层X线放疗采用低剂量射线局部照射，放疗剂量小，一般低于20戈瑞，作用深度浅仅到达皮肤浅层，照射部位可控，非照射关键部位（眼睛、甲状腺、乳腺、生殖腺等）予以防护，因此副作用轻、发生率低，安全性非常高，有研究指出由于照射的面积及体积均相对较小，瘢痕疙瘩术后浅层X线放疗引起肿瘤的危险性与照射一次胸部CT相当，因此浅层X线放疗诱发恶性肿瘤的危险可以忽略不计。对于儿童患者，可以有选择地使用浅层X线放疗，注意照射部位的选择，减少照射剂量和深度，非照射关键部位做好防护，就治疗效果与风险而言，利远大于弊。

瘢痕疙瘩浅层X线放疗的不良反应一般都比较轻微，最常见的是色素沉着（图2-8-15），其次是瘙痒和红斑，极少数患者对射线敏感，会出现皮肤感觉障碍、毛细血管扩张、皮肤萎缩等。可以延长放射间隔时间或局部使用激素等方法来降低色素沉着等不良反应的风险。只要停止放疗，对症处理即可缓解消退。

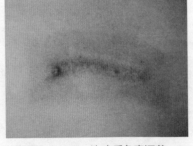

图2-8-15　治疗后色素沉着

是否所有的瘢痕疙瘩患者都能进行浅层X射线治疗呢？

浅层X射线治疗是有适应证和禁忌证的。临床上主要用于瘢痕疙瘩术后复发的预防，瘢痕易发部位创面瘢痕早期增生的预防，较薄、较小的增生性瘢痕或瘢痕疙瘩治疗。如果出现以下情况建议暂缓进行治疗：

①局部情况，合并有日光性皮炎、泛发性神经皮炎等疾病；需照射部位皮肤出现感染；瘢痕疙瘩在胸腺、睾丸及卵巢等区域；曾做过放疗，其皮肤或其他组织所受辐射量已达到正常组织最大耐受量。

②全身情况，外周血白细胞<$3×10^9$/升，血红蛋白<60克/升，血小板<$100×10^9$/升；有严重心脏病、肺结核等。

（沙晓伟）

参考文献

[1]陈旭,苏士纹,牛悦青.经前期痤疮加重的特征和护肤品的功效：一项随机、双盲试验[J].中华皮肤科杂志,2021,54(9):839-840.

[2]杜航航,金岚.非剥脱性点阵激光Lux1540nm对妊娠纹疗效的观察[J].激光杂志,2018,39(9):182-184.

[3]何黎.临床敏感性皮肤处理策略[J].国际皮肤性病学杂志,2015,41(3):141-142.

[4]何黎,李利.中国人面部皮肤分类与护肤指南[J].皮肤病与性病,2009,31(4):14-15.

[5]何黎,郑捷,马慧群,等.中国敏感性皮肤诊治专家共识[J].中国皮肤性病学杂志,2017,31(1):1-4.

[6]李汇柯,冯楠,王闻博.肤糖化反应发生机制、影响因素及抗糖化在化妆品行业中的发展现状[J].日用化学工业, 2021,51(2):153-160.

[7]林佳音,袁定芬.激光及强光脱毛疗效相关因素探讨[J].临床皮肤科杂志,2016,45(7):545-549.

[8]柳亚锋,刘岱拯,谢珍茗.6种常用防晒剂的透皮吸收和安全评估[J].日用化学工业,2021,51(11):1088-1094.

[9]骆丹.只有皮肤科医生才知道：肌肤保养的秘密[M].北京:人民卫生出版社,2017.

[10]吴艳.美塑疗法在皮肤美容中应用的专家共识[J].中国美容医学,2020,29(8):44-48.

[11]张倩洁,沈兴亮,畅绍念,等.防晒剂在乳化体系中结晶规律及其抑制机制的研究进展[J].精细化工,2021,38(2):234-240.

[12]张书婷,杨春俊,杨森.皮肤屏障影响因素的研究进展[J].中国美容医学,2016,25(12):110-112.

[13]张学军,郑捷.皮肤性病学[M].第9版.北京:人民卫生出版社,2018.

[14]中华医学会皮肤性病学分会皮肤激光医疗美容学组,中国医师协会美容与整形医师分会激光亚专委会.电子注射（水光疗法）专家共识[J].实用皮肤病学杂志,2018,11(2):65-66.

[15]周蒙婷,徐军,叶良委,等.糖基化终产物（AGEs）的形成、危害、抑制手段和功效原料的研究进展[J].现代食品,2019(24):57-59,71.

[16]周展超.美容的真相[M].北京:人民卫生出版社,2017.

[17]BREITENBACH M,RINNERTHALER M,HARTL J,et al.Mitochondria in ageing: There is metabolism beyond the ROS[J].Fems Yeast Res,2014,14(1):198-212.

[18]GORDON S B,BRUCE N G,GRIGG J,et al.Respiratory risks from household air pollution in low and middle income countries[J].Lancet Respir Med, 2014,2(10):823-860.

[19]GUPTA V,SHARMA V K.Skin typing:Fitzpatrick grading and others[J].Clin Dermatol,2019,37(5):430-436.

[20]MCDANIEL D,FARRIS P,VALACCHI G.Atmospheric skin aging-Contributors and inhibitors[J].J Cosmet Dermatol,2018,17(2):124-137.